# 圖解 彼得・杜拉克管理學

津田太愚——著　つだゆみ——漫畫
胡毓華——譯

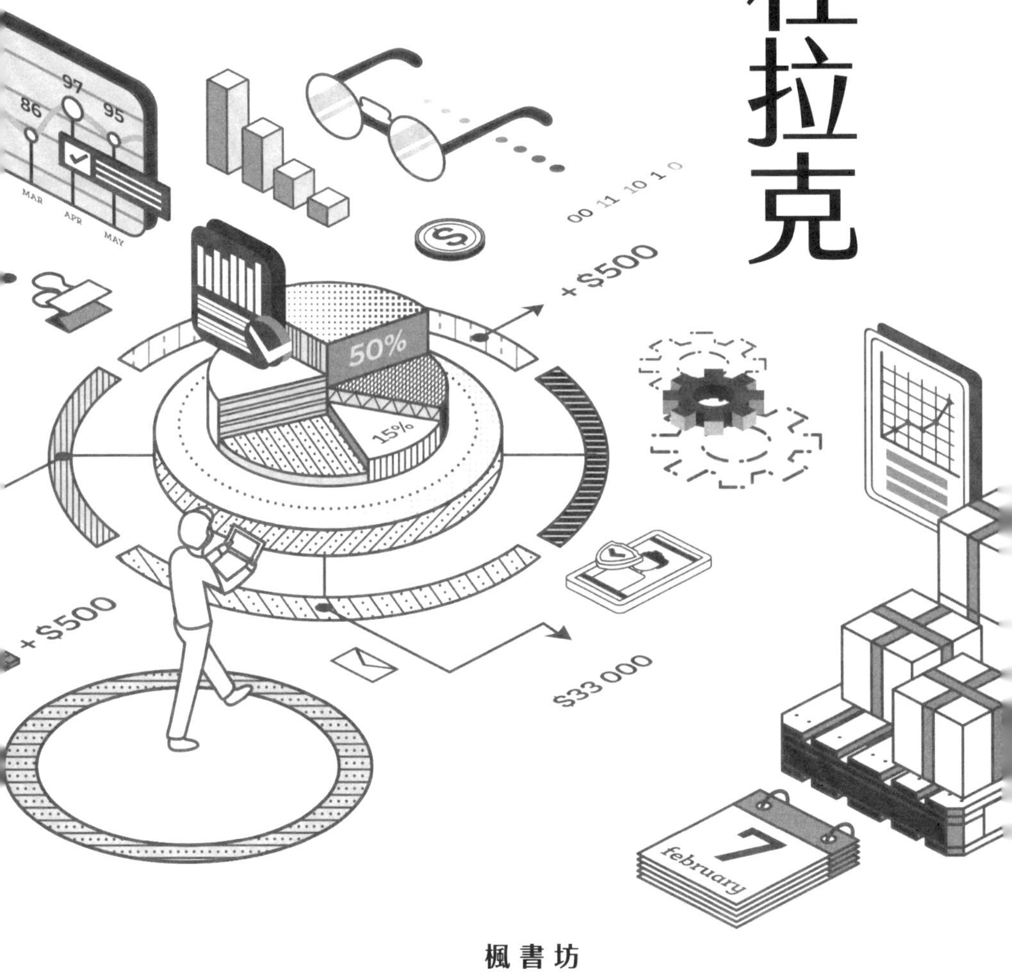


楓書坊

## 前言──「要有真本事才能存活下去的時代」所追求的杜拉克思想

企業這種組織──換個方式來說，支撐起組織的這些「企業人（Business person）」出現在這世界上，至多才一百多年的時間。

企業本身也像在黑暗之中摸索前進的道路，不斷地在錯誤之中嘗試找出自己應該成為什麼樣的組織，整個企業才會有所成果。當然，有企業取得了令人嘆為觀止的成功，自然也有企業絕望地吞下了失敗。

特別是近幾年，在這沒有正確解答、瞬息萬變的世界裡，這種「不見天日」的感受一日比一日更加強烈。而近年發生的全球性大流行傳染疾病猶如雪上加霜，也給企業帶來了不小的影響。

在這樣的環境下，企業代表人自不必說，包含帶領經營團隊的企業領導者在內的許多企業人，都必須思考一些事情：

**我應該具備什麼樣的經營哲學？**

**我應該具備什麼樣的經營思想？**

**我要如何分析商業環境、預測時代？**

**還有，我應該如何具體行動？**

企業人應該要思考的，就是這幾個本質上的問題。

企業人在面對這幾個問題時，有個人的存在如同一道綻放的光芒，璀璨耀眼。

那個人就是彼得・杜拉克。

**「最重要的是真心誠意」**

**「要去了解管理的架構」**

**「我們有責任創造出成果」**

超過半個世紀以來，杜拉克透過許多像這樣切中本質的名言，指導與培養出許多企業人。

他所指導的企業橫跨製造業、流通業、ＩＴ業等各行各業，無數的企業在經過他的指導之後，都成為了大公司。

杜拉克以淺顯易懂的口吻將他的思想寫成了書籍，並公諸於世，在日本、美國都擁有大批讀者的支持。若要了解彼得・杜拉克的思想、經營哲學，以及分析現狀與預測時代的方式，最好的辦法當然就是直接閱讀他的著作。不過，杜拉克撰寫的著作多達五十本，就算只挑其中的代表作，細讀下來也需要好幾年的時間，更不用說把全部的書籍讀過一遍。

本書從杜拉克的人物背景，再到他的思想，以及具體的指導內容，針對其中的重點進行入門解說。簡單來說，這是一本帶領讀者攀登「彼得・杜拉克之嶺」的路線導覽書。

倘若讀者能因為本書而對彼得・杜拉克產生興趣，想認真地閱讀一、兩本他的著作，那對於筆者而言可謂是喜出望外。

正因為身處於這個混沌不明且瞬息萬變的時代，筆者才要說這句話。

那就是「半調子的態度是不可能生存下去的」。

換句話說，「這是一個要有真本事才能存活的時代」。

因此，筆者相信現在正應該重新認識杜拉克的思想。

# Contents

前言——「要有真本事才能存活下去的時代」所追求的杜拉克思想

第 1 章

# 何謂「管理」？

1 「管理學」的發明者——他是日本經濟的精神支柱 18
2 何謂「管理」？——「讓組織創造成果」的「機關」、「機能」、「工具」 20
3 組織不是為了組織而存在的——思考個人需求與社會貢獻 22
4 為什麼你的公司是必要的？——重新思考「存在的理由」 24
5 要創造顧客——誰才是你的顧客？他們又在哪裡？ 26
6 瞭解顧客，自然就能暢銷——何謂以顧客為中心的思維？ 28
7 創造收益也很重要——話說回來，到底何謂「收益」？ 30
8 工作者要具備「意識改革」——這間公司，應該做什麼才對？ 32
9 捨棄沒用的工作——這件工作，真的有必要嗎？ 34
10 不斷地告訴自己「這是為了顧客」——要持續問自己什麼是「企業的使命」 36
Column 1 影響杜拉克的人物〈1〉威爾第 38

第2章

# 組織與企業的「目的」是什麼？


11 何謂「事業」？——「環境」、「使命」、「卓越性」 42
12 實現目標的原動力——了解應該做的事情，並且專注於此 44
13 顧客是何方神聖？要如何滿足顧客？——要不斷地問自己「顧客想要的是什麼？」 46
14 你如何看待非顧客？——一廂情願供給的商品是賣不掉的 48
15 再次確認「使命」與「目的」——組織是為此而生的「工具」 50
16 應該以什麼為目標？——活用自家公司的強項 52
17 要清楚區分各項「工作」——擬定戰略 54
18 誰才是有能力的人？——掌握工作的重要度與成員的能力 56
19 未來無法預測——預測未來不會是「戰略計畫」的根基 58
Column 2 影響杜拉克的人物〈2〉博蘭尼 60

第3章

# 知識社會與「勞動方式」的改變


20 理解何謂「知識社會」——「資本」並非生產手段，「知識」才是 64
21 「知識型工作者」的代表是？——高級技術人員的時代 66
22 高級知識型工作者與服務型工作者——三種工作者構成知識社會 68
23 從科學管理到經營管理——知識社會為社會帶來革命性的變化 70
24 工作者希望承擔責任——「賦予責任」是管理的任務 72
25 管理是經營的骨幹——以西門子與三菱為例，檢視管理的重要性 74
26 提升生產力的六大重點——組織成員要自己思考「目的」 76
27 溝通的四大要素——影響企業的興衰 78
Column 3 影響杜拉克的人物〈3〉齊克果 80

# 第4章

# 組織也必須要「創新」


28 知識型工作者不依附於組織——工作者的轉變 84

29 組織的構造沒有標準解答——透過外包的做法，把精力集中於主要的工作 86

30 打造一個管理變化的組織——組織也必須要持續改變 88

31 創新並非「改善」——不間斷地結合新事物 90

32 創新會重現奇蹟——分析「預期之外的成功」 92

33 分析七種機會——了解「正在發生的現實」 94

34 所謂的集中，就是簡單化——創新要一點一點地開始 96

35 事業必須革新——最高領導人應該具備的「態度」 98

Column 4 影響杜拉克的人物〈4〉麥克魯漢 100

第5章

# 為組織引進「戰略思考」


市場與需求隨時在改變——預測跟不上時代的腳步 104

「還有幾年的壽命」是謊言——許多事物早都該摒棄 106

資訊革命今後也會繼續改變世界——要去了解「現實」 108

別家公司做得到的，我們也做得到——讓大眾知道公司的卓越性（強項） 110

找出其他領域的利基市場——要善於效仿利基市場 112

首要之務是吸引顧客，其次才是販售——需求是由顧客決定的 114

市場整合很重要——無視市場的多角化經營不可能成功 116

引進不同性質的事物——別一口氣就拋棄舊事物 118

影響杜拉克的人物〈5〉巴克敏斯特・富勒 120

第6章

# 管理「工作」


管理「自己」是必須的——要追求至善至美 124
要知道自己的優勢——回饋分析法的必要性 126
強化優勢——要知道哪些事是不需要做的 128
要知道自己在工作上與學習上的習慣——了解自己屬於哪一種類型 130
要知道適合自己的學習方式——組織的規模、地位、價值觀等 132
思考為何要工作——「一手胡蘿蔔、一手鞭子」已經不管用 134
慢慢地開發人的潛能——別再把人的「短處」當成成本 136
管理跟你一起工作的人——同事、主管、部下 138
影響杜拉克的人物〈6〉馬文・鮑爾 140

第7章

# 管理者真正應該做的事情


52 管理者要對成果負起責任——重要的是溝通 144

53 管理者是交響樂團的指揮——必須肩負的職責以及重要的任務 146

54 頂尖的工作規劃——偶爾全部交給他人代勞也無妨 148

55 別搞錯「能力開發」與「組織構成」——正確的管理做法 150

56 全體一致同意的話，就不要做決定——厲害的決策方式 152

57 花時間進行決策——「什麼是重要的」才是問題所在 154

58 不需要領袖魅力——必須具備的是身為人的真誠 156

59 善待每一分、每一秒——統整你的「瑣碎時間」 158

Column 7 影響杜拉克的人物〈7〉凱因斯 160

第8章

# 今後的時代將會如何？


高齡少子化是已開發國家的共同問題——未來不可能預測 164
將目光集中在支出分配——「支出」比「收入」更重要 166
別以成長為目標——要為改變做準備 168
思考成長產業、成熟產業與衰退產業——醫療與教育可望再成長 170
動搖全世界的「養老金」問題——日本拖延戰術的極限 172
國家雖礙手礙腳，卻不會消失——資金、產品、人力的全球化 174
企業落入高齡族群的手中？——重新面對組織機能不全的問題 176
影響杜拉克的人物〈8〉佛洛伊德 178

第9章

# 公共服務與社會貢獻的管理


公共服務是成長產業——公共組織不是為了公務員與官僚而存在的 182
做不出成果的預算型組織之弊害——早已沒有明天 184
成果是由「機制」所創造的——組織並不需要天才 186
不必期待政府解決僱用問題——人們的生活由企業來守護 188
對於產品與公司的兩個責任——解決問題需要耗費成本 190
組織的管理亦有極限——譁眾取寵會自取滅亡 192
切勿明知故犯——專業倫理 194
影響杜拉克的人物〈9〉熊彼得 196

第10章

## 日本的失敗與對卓越的追求


「政治主導」將會如何——各國皆存在退休後轉任的情況 200
日本在許多領域都以失敗收場——原因在於補助金與保護 202
知識工作者的「第二人生」——準備與助跑是必要的 204
你想讓別人記得你的哪些事——追求卓越 206

結語
附錄◎彼得．杜拉克的一生
附錄◎彼得．杜拉克的著作
參考文獻


設計　大場君人
專欄插畫　田中まゆみ

# 第1章

# 何謂「管理」？

# 1 「管理學」的發明者

## 他是日本經濟的精神支柱

### ◆「我不是管理學家，我只是一名作家」

日本人相當喜歡彼得．杜拉克。在日本，每一人平均購買彼得．杜拉克相關書籍的數量，是美國的2．5倍之多。而在日本戰後的經濟成長的精神支柱當中，「杜拉克的思想」也是其中之一。

杜拉克於一九〇九年十一月出生在維也納，父親是維也納大學的教授，叔叔是國際法學者。杜拉克在富裕的阿什肯納茲猶太人（學者）家庭成長，二〇〇五年十一月辭世，享耆壽九十五歲。

杜拉克說：「大家稱我為『管理的發明者』，但是我並不是管理學家，我只是個作家。」杜拉克的父親曾經對國內的經濟學者給予支持，熊彼得也是其中一位，他建構了「創造性破壞」的理論，也就是「創新（Innovation）能使經濟產生變化」。

《管理大師彼得．杜拉克最重要的經典套書》裡便融入了許多熊彼得的論點。

### ◆接觸日本畫後，成為親日人士

一九三三年，杜拉克受納粹追捕而逃往倫敦避難，他在倫敦接觸了日本畫，並深受感動，成為親日人士。杜拉克也購買《源氏物語》來閱讀。

一九五〇年，杜拉克成為紐約大學的教授後，便開始收集日本畫，更在一九五九年舉辦了水墨收藏展。據說杜拉克之所以答應前往美國發展，其中一個理由就是為了波士頓與紐約的日本畫收藏品。在華盛頓出差的四天當中，杜拉克工作的時間只有一天，而其餘三天都在鑑賞日本畫。

### ◆曾獲頒日本勳章

一九七一年，杜拉克接受美國洛杉磯的克萊蒙特大學的延攬，創立管理學系，奠定了經濟思想。

在克萊蒙特大學的那五年，杜拉克也開設日本畫的課程。後來更獲得日本頒發的勳三等瑞寶章。

日本人喜歡彼得．杜拉克，彼得．杜拉克也喜歡日本。

# 2

# 何謂「管理」？

## 「讓組織創造成果」的「機關」、「機能」、「工具」

### ◆「管理是件奇妙的事情」

「什麼是管理？」對於這個提問，很少人能夠立即回答。

即使是彼得．杜拉克，也是以「管理是件奇妙的事情」（出自《21世紀的管理挑戰》）來形容。「管理」一詞常用於「管理團隊」或「管理做得很好」等話語。

世人以各種角度使用著「管理」一詞，而其含意卻令人難以捉摸，可以有各種不同解釋。不過，杜拉克對這個奇妙的詞彙做出了相當簡單的定義。他說：「**所謂的管理，就是能讓組織創造成果的事物。**」

### ◆「讓組織創造成果的事物」

杜拉克認為管理是「讓組織創造成果的事物」，那麼這句話當中的「事物」，又是什麼意思？

「組織」一詞原為「軍隊用語」。距今一百多年前，企業才效法普魯士上令下達的軍隊組織，以「組織」的樣貌邁向全新的開始。

當然，各個組織都有各自應有的「成果」。而讓組織創造成果的「事物」，並不是「經營技巧」。是「機關、機能、工具」。

除了企業的組織之外，組織還有醫院、學校、NPO、公共機關、運動俱樂部、教會等等，以各式各樣的型態存在。

### ◆何謂「機關、機能、工具」

「**機關**」指的是「主體」。以企業來說，就是經營團隊。經營團隊的成員也被稱呼為「高階管理者」。

在企業組織當中，「**機能**」則是指「經營戰略」、「思考經營資源的分配」等等。

以整體組織的觀點看，「**工具**」就是指「運用經營團隊」。

透過「機關」、「機能」與「工具」讓組織創造成果，就是杜拉克認為的管理。

透過「機關」、「機能」與「工具」讓組織創造成果，這就是所謂的管理。

3

# 組織不是為了組織而存在的

## 思考個人需求與社會貢獻

### ◆沒有管理，組織就不會存在

杜拉克在他的著作《管理大師彼得．杜拉克最重要的經典套書》當中，講述了「管理的任務」。

他在書中寫出「組織不是為了組織而存在的」，並列舉組織的三個任務。

**❶完成「特有的使命與目的」**

**❷讓工作的人得到幸福**

指有助於讓人實現生活衣食無缺、群體之間的連結、自我實現等各種事物。

**❸對於社會的貢獻**

每個組織都有各自的使命與任務，也必須讓工作的人都能實現他們的「幸福」，更必須思考企業對於社會的貢獻。

正因為組織要實現以上的三點，「管理對於組織而言才會是絕對不可缺少的」。

第一點用不著再多說，所以強調的重點在於第二點與第三點，請各位多加留意。

### ◆「現在與未來的計畫」是必要的

管理可以「**開創未來**」。未來自然就是現在的延伸，而一個不健全的組織，不可能開創「偉大的未來」。為了成功的未來，就不能不負責任地讓現在陷入危機。

未來雖在「不連續的另一側」，但只有從現在出發，才能通往未來。所以，連接現在與未來的「計畫」是有必要的。

一名新聞工作者曾問杜拉克：「您什麼時候有空？」而杜拉克則回答：「我沒有空喔。因為我一直在擬訂計畫，而且全心專注在這些計畫上。」杜拉克的回答很有「幽默感」，同時也表現出杜拉克認為「做規劃真的非常重要」的真心話。

### ◆該捨棄的東西就要捨棄

管理的任務，就是把成果不豐碩的領域開拓出更寬廣的版圖。而要做到這件事，「**應該捨棄什麼**」便是重要的問題。

做不到管理的「三大任務」，組織便無法成立。

# 為什麼你的公司是必要的？

## 重新思考「存在的理由」

### ◆對於社會而言，為何你的企業是必要的？

組織的管理會對應到社會、社群、個人的需求，各有各的「社會目的」，這就是組織的使命。

最早採用管理的組織，是政府相關機構與非營利組織，直到後來，才有許多的組織也紛紛採用管理。學校有學校的管理辦法，神學院採用教會的管理辦法，醫生則適用醫院管理辦法。

企業也是一種強而有力的組織，企業管理不過是「管理」的其中一部分。當然，企業也是為了實現「社會目的」而存在。換言之，**「社會目的」是企業的「存在價值（存在理由）」**。

### ◆企業並非營利組織

「沒有存在理由的組織」是不可能存在的。這句話同樣適用於企業組織。「企業」也必須要「具備使命感」。

那應該要怎麼做，才能「使命必達」呢？假如達成使命就是指「創造出成果」，那麼管理就是絕對必要的。

不過，許多人即使身為經營者，卻還是沒有理解其企業的存在價值。

杜拉克明白地表示：

「企業並非『營利組織』。認為企業是營利組織的想法，不僅是錯誤的，更是完全搞錯重點。」

### ◆要知道企業的使命

杜拉克對於「有經濟學者與經營者認為企業是營利組織」一事感到相當驚訝。

「你的企業是為何而存在？」

企業的存在不是為了個人或營利。各位應該要重新再思考一次企業的「存在理由」，想一想「**這間企業究竟是為何而存在**」。

「身為經營者，卻連自己企業的使命都不曉得。真是一件荒唐的事。」（杜拉克）

[「沒有存在理由的組織」是不可能存在的。]

# 5 要創造顧客

## 誰才是你的顧客？他們又在哪裡？

### ◆組織的目的在於「創造顧客」

組織（企業）為何會存在？

組織（企業）是**為了滿足客人（顧客）的需求**而存在的。

一個組織（一間企業）沒辦法滿足社會上各種顧客的所有需求。

自然地，各個組織（企業）所生產的服務與產品就會包羅萬象。

有了這些服務與產品讓顧客滿足，顧客就會繼續存在、持續增加。

組織最重要的目的，就是「創造顧客」。

杜拉克在他的著作《管理大師彼得．杜拉克最重要的經典套書》當中，清楚地表示：

「**我對於組織（企業）的目的只有一個定義，那就是創造顧客。**」

還是不曉得什麼叫做「創造顧客」嗎？沒關係，總之先把這個字記下來就對了。

### ◆顧客在哪裡？

那麼，顧客又在哪裡呢？

其實，顧客只能「由企業自行創造出來」。

企業將「顧客的需求」化做清楚可見的有形之物，也就是服務與產品。

在企業創造出服務與產品之前，**顧客的「需求」都是所謂的「潛在需求」，尚未明確顯示出來**。

當企業創造出的服務或產品不符合「顧客的需求」，就無法形成「有效需求」。

而要解決這個問題別無他法，就是「行銷」與「創新」。

### ◆滿足需求的「效用」是必要的

服務與產品所提供的是什麼？

杜拉克認為是「效用」。所謂的「效用」，即是「**讓顧客開心**」，也是「**對顧客有幫助**」。也可以稱為「**顧客滿意度**」。

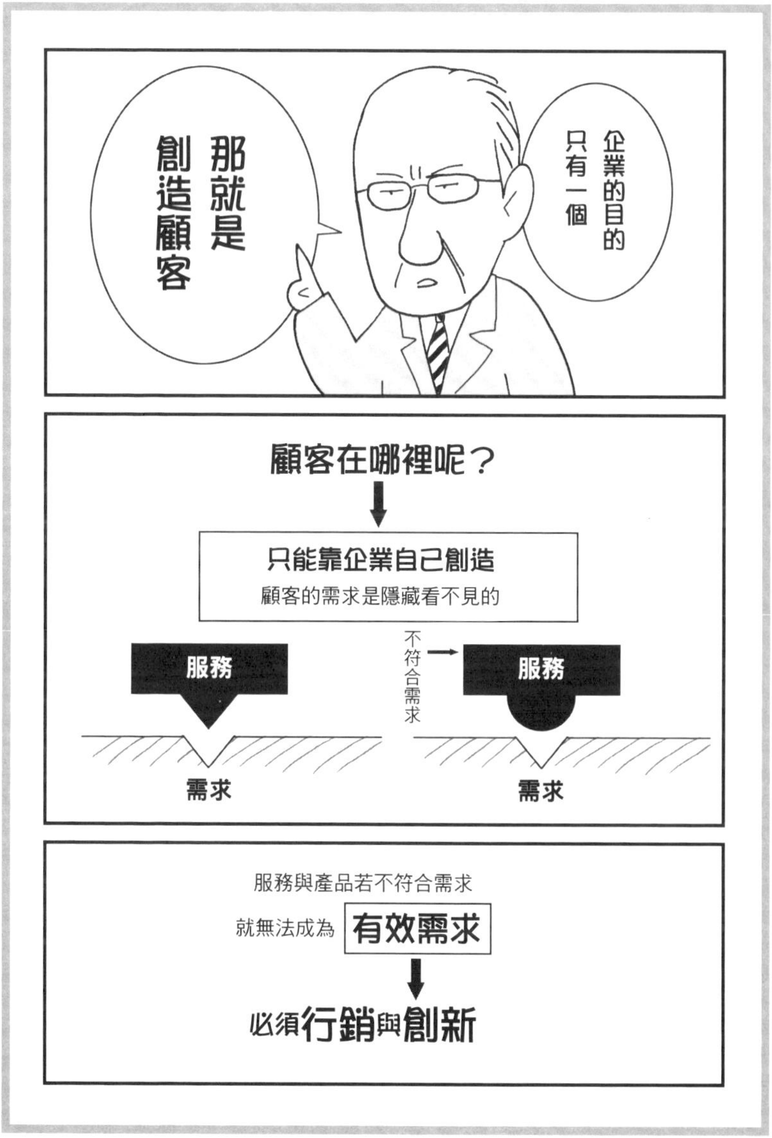


將顧客的潛在需求化為有形的服務與產品，就是組織的目的。

6

# 瞭解顧客，自然就能暢銷

## 何謂以顧客為中心的思維？

### ◆市場行銷很重要

在前面的章節，我們提到「管理是讓組織創造出成果」，也提到企業要創造出成果，就要先「創造顧客」。

換句話說，「**管理＝成果＝創造顧客**」。

這個公式會直接關係到企業的使命感。

杜拉克一直都極力強調「市場行銷的重要性」。

所謂的市場行銷，我們可以用一句話來概括它，那就是「**要充分了解顧客**」。**只要能開發出符合顧客需求的服務與產品，**「**自然就賣得出去**」。

### ◆從顧客的角度出發

「從顧客的角度出發」的態度，會決定一間企業的優劣成敗。只是，在多數的情況當中，「顧客的需求」都沒有被反映在實際的經營管理上。

企業若能夠實踐「以客為尊」的精神，從顧客的需求、現實情況、價值出發，照理來說就不會出現大規模的消費糾紛等情況。

只是，組織（企業）一旦建立起來，就會為了組織而行動，而把顧客拋諸腦後。這一點是管理者必須多加注意的。

### ◆真的是為了顧客嗎

我們說點關於政治界的事情。在第二次世界大戰之前，德國的希特勒以及國民教育與宣傳部長戈培爾，就是耽誤了國家的經營管理。

他們對人民說：

「為了農民的生活，我們要提高農作物的價格；為了勞工，我們要降低麵包的價格。」

而人們則受到這些話的鼓舞。

但是，杜拉克指出這些話有明顯的矛盾。他說，這些都不是為了人民（顧客）的政策。

其實用不著回顧歷史，沒有真心為顧客（人民）著想的企業、國家，註定都會走向破產與滅亡。

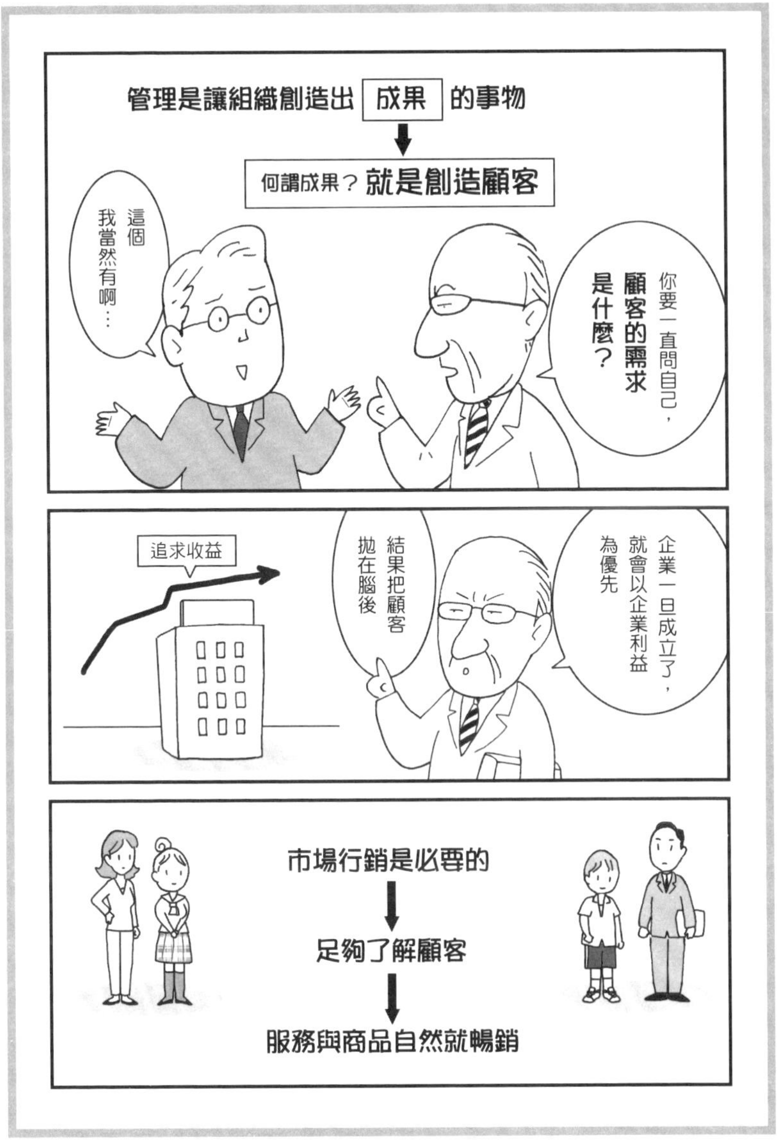


[ 市場行銷的目的，是讓企業不必進行促銷。 ]

# 創造收益也很重要

## 話說回來，到底何謂「收益」？

### ◆思考收益與存在價值之間的關係

我們先前說過「企業並非營利組織」。不過，這並不代表企業「可以不創造收益」。

成長的企業會追求「社會使命」，也重視個人的成就感。換句話說，「管理」的最終結果就是創造出成果。

而管理的報酬，則是增加收益。

市場行銷會增加「**現在的收益**」。

創新（持續改革）則是增加「**未來的收益**」。

倘若企業有明確的「存在價值」，收益自然就會增加。

### ◆關於收益的四個要素

杜拉克說：「收益是用於創造未來的成本。」（關於收益的部分，接下來也會持續提到）並將收益定義為以下四個項目：

**❶ 判斷成果的基準**

**❷ 對於風險的保障**

**❸ 整頓勞動環境**

**❹ 對於社會的貢獻**

❶即是所謂的「成果的指標」。

❷是對於顧客的「供給責任」。企業要持續提供服務與產品給顧客，並同時應付各式各樣的風險，因此收益是必要的。

❸是「對於員工的責任」。賺不到錢就解雇員工，是最差的經營管理。

❹是「對於社會與地方的責任」。

### ◆別為創造不了收益找理由

杜拉克笑說：「無能的管理者只會一直辯解為什麼『創造不了收益』。」他更說：「當企業一直做不到最基本的社會貢獻，也無法進行經濟活動，應該要做的是謝罪，不是狡辯。」

**收益的定義**

1 **判斷成果的基準**……成果的指標…………創造出成果，收益就會增加

2 **對於風險的保障**……對於顧客的責任……必須有收益，才能持續提供服務與產品

3 **整頓勞動環境**…………對於員工的責任

4 **對於社會的貢獻**……對於社會與社群的責任

〔創造收益不是企業組織的「目的」，而是管理的「最終結果」，是「成果」。提升收益是企業的責任。〕

8

# 工作者要具備「意識改革」

## 這間公司，應該做什麼才對？

### ◆每個人都是「管理者」

彼得．杜拉克在他的著作《杜拉克精選：個人篇》當中表示「**每個人都是高階主管**」。

在企業裡工作的人，不管是經營者還是工作者，都必須思考「這間公司應該做什麼才對」。

「企業（組織）本來就是基於某些社會目的而存在的」。

因此，假如企業裡的工作者都「不曉得企業的目的何在」，組織就不可能發展起來，也很難增加企業的收益。

**人都是因為認同「該企業的目的」，才會在該企業工作**。換句話說，工作者都必須進行「意識改革」。

### ◆是不是能為顧客貢獻的人

一個組織不能缺少「使命的同化」。以規模極小的公司來舉例的話，各位也許會比較容易明白。有些小公司就像「同好會」或「宗教團體」一樣，自然地就會聚集了擁有同樣使命的人。

杜拉克說：「公司的規模愈小，愈容易實現使命的同化。」當企業的規模愈大，企業就會為了企業而存在。

杜拉克告訴我們要隨時「問問自己什麼是企業原本的使命」。

沒有使命感的能幹員工與優秀技術人員，反而會危害公司。企業在採用人才的時候，都應該以「**這個人是不是能為顧客貢獻的人**」作為判斷基準。

### ◆社會貢獻不是老了才要做的事

這件事甚至連一些經營者都不懂。

會說「老了之後，想做一些對社會有貢獻的事」的人，就是如此。

所謂的社會貢獻，是「為了顧客而工作」。換句話說，社會貢獻不是「老了以後才要做的工作」，而是「**現在就要做的工作**」。

懂得這個道理的經營者，才能持續創造豐碩的成果。

「使命的同化」對組織來說是不可或缺的。

9

# 捨棄沒用的工作

## 這件工作，真的有必要嗎？

### ◆組織與個人都要有系統地淘汰

再新穎的事物，轉眼之間就會過時。回想不久之前流行過的事物，說不定也會讓人驚覺「原來有這樣的事啊」。

杜拉克將**「透過有系統的淘汰為組織革新」置於「管理」的核心位置**。他稱之為「創新」。

要時常思考精簡化，為組織進行瘦身。這件事不論是組織還是個人都需要去執行。

因此，「刺激」就有其存在的必要。**要刺激組織與個人，去思考應該淘汰的事物**。我們要拋棄不必要的事物，或許還可以稱這樣的「刺激」為「疼痛」。

### ◆透過創新來改革

原地踏步的企業不會長久。

杜拉克提出了一個簡單而重要的方法。

那就是先「**假設自己還沒開始實際上已經在做的事情，然後去思考『我應該從哪裡下手』**」。

假如這件事不具備應該現在就做的價值，那就代表「不做也無所謂」。

哪怕是從前具有價值的事物，也都要重新檢討這些前例、老規矩、傳統、惰性。想必經營者看了某些商品也會感嘆著：「這項商品以前很熱銷呢，結果現在……」

許多老規矩都會扯企業經營的後腿，降低組織的能力與功能。因此**淘汰上述這些「不必要的工作」是重點**。

### ◆要創造全新的「魅力」

所謂的創新，是提供顧客得到全新的滿足。而企業組織必須時時刻刻持續提供更好的產品與服務。

就算是既有的產品，也能持續創造出全新的魅力。

這一點才是最重要的。

必須捨棄不需要的工作，才能想像出全新的魅力。

10

# 不斷地告訴自己「這是為了顧客」

## 要持續問自己什麼是「企業的使命」

### ◆企業的存在不是為了經營者或股東

對於「企業是為誰而存在」的問題，「為了員工」並非正確解答。回答「為了經營者」與「為了股東」的人，也搞錯方向了。

杜拉克直截了當地這麼說：

「**企業是為了顧客而存在的。**」

各位不覺得這答案簡單又明瞭嗎？

### ◆不斷問自己以下的五件事

「管理」是為了所有組織而存在的。

杜拉克表示「時時都要持續問自己關於組織的這五件事」（《存活的本事》）。

❶ **企業的「使命」是什麼？**

❷ **顧客是誰？**

❸ **顧客眼中的價值是什麼？**

❹ **企業的成果是什麼？**

❺ **應該計劃哪些事情？**

杜拉克逝世之後，將杜拉克的思想整理成《存活的本事》一書的人，正是科特勒與柯林斯。科特勒在市場行銷方面頗有研究。

關於市場行銷，我們稍後再做詳細解說。

### ◆不斷思考怎樣才是「為了顧客」

企業一旦忘記了「為了顧客」這個簡單的使命，公司的經營一定會遭遇困難。

「企業是為了員工、為了經營者、為了股東」。

杜拉克表示，只會這麼想的企業「大概沒多久就會破產倒閉了」。

這真是相當一句相當嚴厲的評論。

企業管理者在「徬徨疑惑的時候」或「漸漸遺忘企業目的的時候」，都應該問問自己一句話：

「什麼叫做為了顧客？」

【要一直問自己這「五個問題」。】

*Column 1*

# 影響杜拉克的人物〈1〉

## 威爾第

在「讓我持續成長與變化的七個經驗」當中，彼得．杜拉克指出第一件經驗就是觀賞威爾第創作的歌劇。

朱塞佩．威爾第出生於義大利北部的帕爾馬公國，他是義大利的作曲家，也是拿破崙時代的人。威爾第曾獨自為羅西尼的歌劇《塞維亞的理髮師》創作序曲，他的歌劇流傳至今，仍是許多現代人耳熟能詳的曲子。

威爾第在一八八七年創作歌劇《法斯塔夫》之後，為貧困老人興建了照護中心。

不久之後，威爾第便於一九〇一年與世長辭。

杜拉克年輕時曾一邊在貿易公司實習，一邊在漢堡的大學上課。在漢堡，大學生都可以免費觀賞歌劇，據說在開演前一個小時到歌劇院，就可以免費得到價位較低的歌劇門票。

當時，威爾第的《法斯塔夫》被認為是相當深奧難懂的一部歌劇。而杜拉克從小就接觸音樂，也接觸相當多的歌劇。

在杜拉克第一次看到《法斯塔夫》時，便被這齣歌劇深深地觸動了心弦。已是高齡老翁的威爾第仍然持續地成長與變化，並且在晚年創作出如此精彩絕倫的作品，讓杜拉克對此深感敬佩。

作曲家

作曲家
朱塞佩・威爾第
（1813～1901）

第2章

# 組織與企業的「目的」是什麼？

11

# 何謂「事業」？
## 「環境」、「使命」、「卓越性」

### ◆事業具備三個前提條件

企業人必須理解「自己所在的企業該發展什麼事業」。成功的事業都有三個前提，企業人必須透澈了解這三個前提，才能開創成功的事業。

**❶環境（社會的動向、趨勢等等）**

**❷使命（什麼是最重要的使命）**

**❸卓越性（強項）**

具備「必要條件」與「充分條件」之後，就要思考「我們的事業是什麼」。

接著才是擬定目標，制訂戰略。

要掌握「自家公司的卓越性」，然後付諸行動。

收穫「實際行動的成果」之後，就要與「先前期待的成果」進行比較。

對於自己進行的事業而言，什麼是「前提」？

簡單來說，企業人要時時思考「環境」、「使命」與「卓越性」（詳細內容將在之後敘述）。而這樣一連串的流程，便能提高企業的生產力。

### ◆「要提供產品與服務給顧客」

那我們的事業應該做什麼呢？

杜拉克表示：「這個問題的答案，應該每個人都很清楚。像是鐵路公司、鋼鐵公司、保險公司等等，大家都知道這些公司該做哪些事情。不過，企業一定會有遭遇打擊、挫折與失敗的時候。」而杜拉克也一再地重複「**要從顧客的角度出發**」。

### ◆要做什麼？不要做什麼？

在市場、產品、技術、研究、產品開發、財務等各個方面，決定「應該做什麼」或「應該繼續做什麼」、「應該停止什麼」、「要不要做」，關係到事業的成功。

「**我們的事業是什麼？應該做什麼？**」

企業人要先意識到這個問題的答案。倘若沒有抱持這樣的態度，也不可能察覺到企業的經營「朝著不對的方向在努力」。從同樣的起跑點出發，有的人會成功，有的人卻失敗，其中的差異就在於此。

【我們的事業是什麼？又應該做什麼？】

12

# 實現目標的原動力

## 了解應該做的事情，並且專注於此

### ◆找到目標，並集中全力

阿基米德曾說過：「給我一個支點，我就可以把地球舉起來。」簡單來說，「一個應該集中全力的支點是必要的」。

如同我們先前提到的一樣，「了解企業應該做的事情」是事業的先決條件。

接著便是集中全力，傾注熱情，並實際行動。

❶ **我對企業的使命是否具有熱忱，並能致力於此？**

❷ **讓企業成為「世界第一」的關鍵（卓越性）是什麼？**

❸ **經濟原動力（環境或條件）是什麼？**

只要專注並且滿足這三個條件，那就是「最好的事業」。

企業人都容易說「反正現在這個很賺錢」、「反正這個這麼暢銷」，但只有這樣想的話，就會走錯路。

杜拉克說：「過度擴大營收會危害到企業的存續。」

企業要設定的事業目標，不在於市場地位的「最大」，而是「**最合適**」。

### ◆怎樣才能成為吸引人的企業

美國的鐵道業之所以衰退，是因為這份工作的環境對於有能力的人才來說並不具備吸引力。企業若要吸收、招攬必要的人才，就必須具備「企業的魅力」。

企業之間的競爭，也是一場投入使命感、熱情、資金、資本等等，**「想辦法成為魅力企業」的戰爭**。

企業必須掌握好「市場行銷的目標」、「創新的目標」、「經濟資源的目標」、「生產性的目標」、「社會貢獻的目標」等各項目標之間的平衡。而且，更重要的是「目標與收益之間的平衡」以及「目標與現在、與未來之間的平衡」。

企業若沒有意識到這些平衡，經營就會有危險。

了解企業應該做的事情，並將資源集中於此。企業之間的競爭，也是一場「想辦法成為一間魅力企業」的戰爭。

# 顧客是何方神聖？要如何滿足顧客？

## 要不斷地問自己「顧客想要的是什麼？」

### ◆企業內研究曾是企業從前的武器

顧客到底是誰呢？在產業尚未成熟的時代，企業即使不去考慮顧客，也能夠茁壯地發展。

從前擅長在「技術」、「市場」、「需求」等方面進行開發的企業都是贏家。十九世紀初，纖維產業終於脫離人工作業，邁入近代產業。煤炭產業也是一樣。

十九世紀中葉後半，德國的西門子公司網羅大學裡的科學專家，創設了企業內研究所，往前邁出了一大步。美國也是一樣，成功發展的企業也創設企業內研究所，其中包括：汽車產業、電力產業、化工產業、通訊產業等等。這個時代的前提，在於「技術」、「市場」、「需求」的結合。

### ◆顧客想要的是什麼

然而這項前提已不成立。

杜拉克以醫院的環境為例。A醫生引進全新的檢查儀器，B醫生則使用新的藥物，幫助他們為病人治療疾病。不過，兩位醫生卻未因此吸引更多病患上門求診。原來，患者所追求的是「候診時間愈短愈好」。

於是病患都跑去找能立刻看診的醫生。A醫生和B醫生都是以自己的想法為中心，哪怕他們的醫術再好，再怎麼熱門搶手，最後病患還是選擇找其他醫生治病。

醫生應該想辦法掌握「檢查儀器」、「新藥」、「候診時間」的平衡。也就是說，「客人想要的是什麼」才是關鍵所在。

### ◆要如何滿足顧客？

**「顧客是誰？」**

**「顧客在哪？」**

**「顧客想要的是什麼？」**

企業必須要持續思考這三個問題。思考要做到怎樣的程度，顧客才會滿意？也就是要做到什麼程度，才算是「創造出成果」？換句話說，企業只知道顧客是誰還不夠，還得做到「顧客滿意」才行。

B醫院
A醫院
我們使用了新藥
我們引進了全新的檢查儀器
兩間醫院的病患都沒有增加
候診間
顧客（病患）所希望的是…
還沒輪到啊…
好希望候診的時間可以短一點
顧客是誰？
顧客在哪裡？
顧客想要什麼？
顧客眼中的價值是什麼？
能夠滿足顧客的事 → 組織的成果

[ 顧客「真正想要的」是什麼？ ]

# 你如何看待非顧客？

## 一廂情願供給的商品是賣不掉的

### ◆非顧客比顧客更重要

「市占率的最低目標值是26．1%」蘭徹斯特法則所提到的這個數字有著相當重要的意義。

然而，今時今日最重要的是「非顧客」。彼得．杜拉克表示「**非顧客比顧客更加重要**」。假設有25%的人是企業的顧客，那麼就有75%的人都是非顧客。

任何技術、商品、服務，都會與其他一切的產業有所關連，企業不該限制它們的用途。

從前，啤酒罐只有一種形式，鐵軌只要有鋼鐵就能鋪設，通訊靠著電話就足以聯繫。然而現代已經是個相當多樣化的時代，不只是企業，對於醫院、大學、教會而言，「非顧客」都是相當重要的存在。

### ◆現在的「顧客在減少」

杜拉克說：「**企業必須以產品與服務為企業的核心。**」

這句話也代表「用途不得列入企業的核心」。

杜拉克表示「顧客絕不會購買供應者提供的東西」。

企業提供產品與服務，必須以「顧客所重視的價值與供給者眼中的價值並不相同」為前提。以技術與用途為提供基礎的做法已經行不通了，**一廂情願的產品或服務是賣不出去的**。

### ◆不要過度相信行銷

非顧客是什麼樣的人？

「跟我們的市場差得很遠的人」、「使用其他產品的人」、「堅決不使用這個產品或服務的人」等等，每個人的感受跟看法都不一樣。

杜拉克極力強調市場行銷的重要性，但新產品或新領域的市場行銷不可能做到十全十美。

杜拉克也說：「過度相信市場行銷是危險的。」企業本來就需要針對產品與服務說明「有哪些用法」。

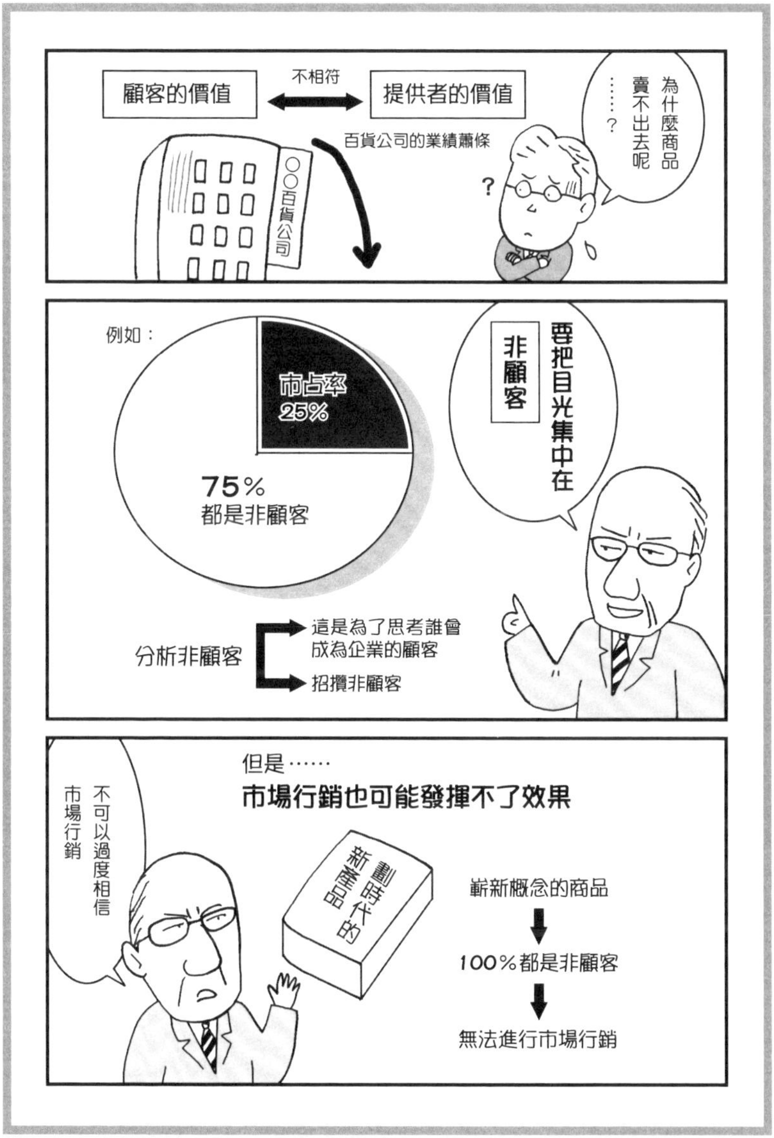


[ 市場行銷不是萬靈丹。因為行銷對於「非顧客」起不了作用。 ]

# 再次確認「使命」與「目的」

## 組織是為此而生的「工具」

### ◆現實與理想的差距會一直存在

組織是「以顧客為中心」而行動。只是，一旦組織具有了「社會力量」，事情就不是那麼單純了。還必須考慮企業對於員工、環境、企業本身的影響。

企業對於員工還有僱用、解僱、升遷、工資、工時、人事相關等各種責任。

而企業若要善盡社會責任，則必須提升企業的「業績」。當企業無法獲得與資本成本相應的收益，就是一間對社會「不負責任」的企業。只想做善事的企業做不了任何事，對於員工、環境、地區社會等等，都無法負起責任。

企業的理想、企業應有的樣子、企業未來的模樣，與現實之間的「差距」會一直存在。

### ◆明確的「使命感」會創造出成果

首先，企業必須明確地指示出組織的目的。這樣，企業才能全力集中在這個目的。

組織不同於社群或家庭。

組織是一種「**工具**」，工具就必須使用才行。

而組織若要靈活運用「工具」，就必須具備「明確的使命」。

倘若沒有「明確的使命」，組織就會立刻分崩離析。不僅失去了組織的價值與信賴，也招攬不到有能力的人才。

另外，企業只能擁有「**唯一**」的使命。若不這樣做，企業就會一團混亂。單一的使命才能讓每個員工充分發揮各自的「專業能力」，朝著共同的目標努力。

### ◆絕不能只是破壞

組織是為了「變化」而存在。當企業沒有正確的目標，創新就無法成為「創造性的破壞」，只會淪落到「裁員」或「工廠倒閉」的下場。

組織需要的不只是破壞。

是「**創造性的破壞**」。

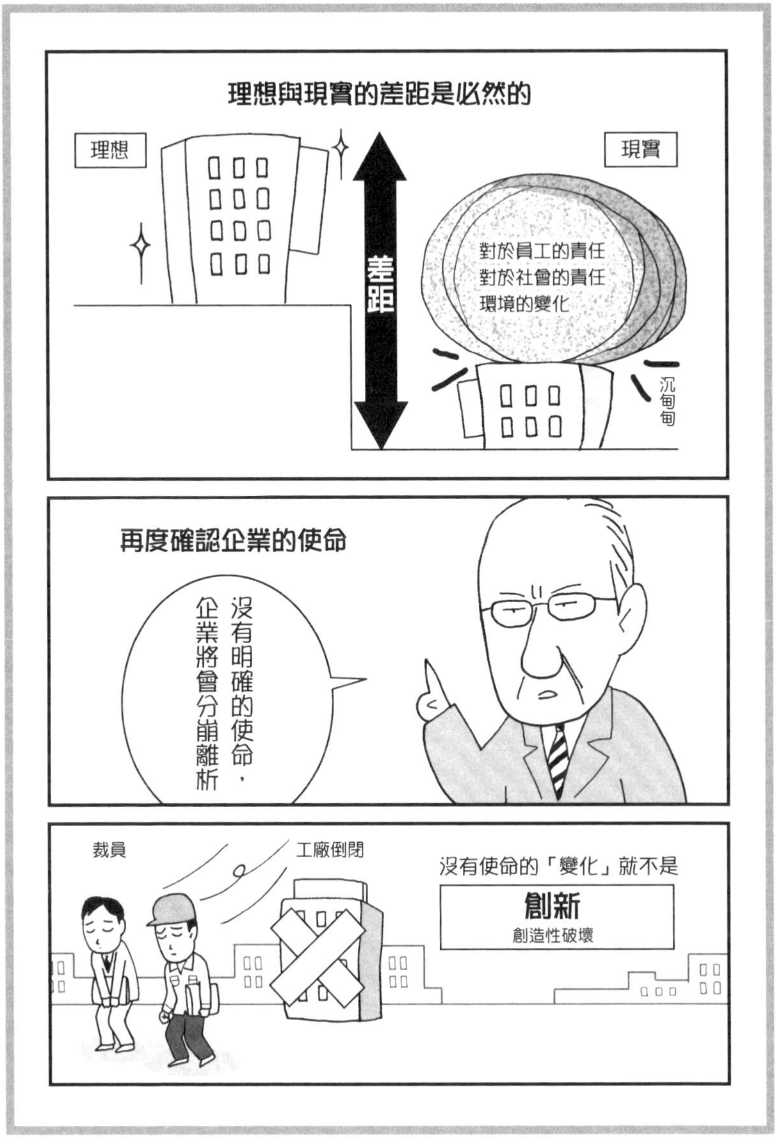


組織是工具。若要讓工具充分發揮作用,就必須有「明確的使命」。

# 應該以什麼為目標？

## 活用自家公司的強項

◆**分析差距的面向**

我們先前提過「理想與現實」、「現在與未來」的差距，那麼應該要如何分析差距呢？

彼得・杜拉克提出了五個面向。

**❶少子化、高齡化、人口變化**
**❷經濟問題、急遽的經濟蕭條**
**❸流行、娛樂**
**❹其他公司的狀況、與其他國家的競爭**
**❺顧客需求的變化**

從這五個面向來思考的話，就可以看出自家企業的「強項」與「弱點」。

這裡所說的**「強項」指的是「應該做的事情」，「弱點」則是指「應該停止的事情」**。

將「使命感」與「目的」、「強項」與「弱點」進行比較之後，組織「應有的模樣」便會顯而易見。

◆**溫習「企業的目標」**

**❶行銷（弄清楚市場的狀況）**
**❷創新（把該做的事情具體化）**
**❸人員組織（人力資源的採用與培育）**
**❹財務資源（調度與運用）**
**❺物力資源（調度與運用）**
**❻生產力（目標3、4、5各自的生產力）**
**❼社會責任（對於勞工、供應商、其他企業責任）**
**❽收益**

確定好以上項目（企業目標）後，應該怎麼做才能填補理想與現實、現在與未來的差距呢？企業能收穫豐碩的成果，都是善用了自家公司的「強項」以後。

企業要達成目標，就需要「成果的指標」。

成果的指標不能只是籠統地表示「提升市占率」，必須要有「達到市占率的10％」這樣的具體目標才行。

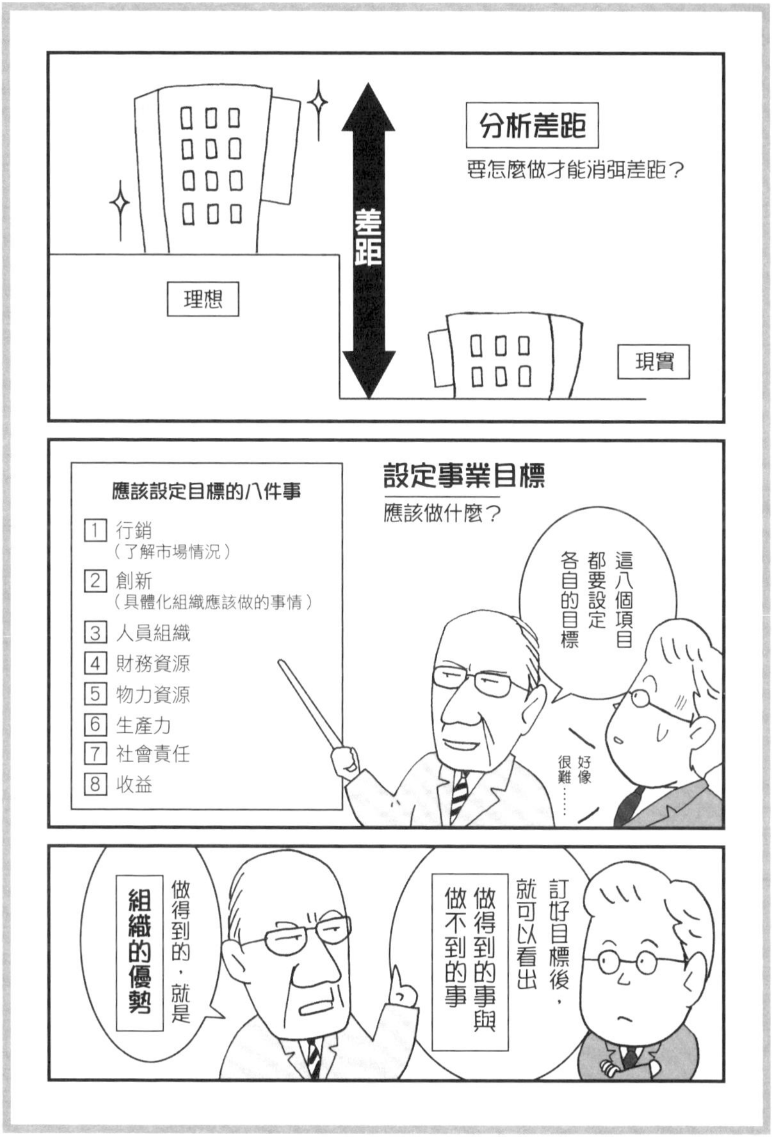


比較所在企業的使命感與目的、優勢與弱點。這樣，就能看出組織的「應有的模樣＝目標」。

# 要清楚區分各項「工作」

## 擬定戰略

### ◆明確規劃出建立於「強項」之上的工作

所謂「管理」，**是付諸實際行動，為實際的行動制訂戰略**。即是針對「企業目標」的八個項目，明確地列出各自所應負責的工作。

首先，明確規劃出建立於「強項」的工作。

哪些工作要做？哪些工作不要做？

這些都是有風險的決策。管理者在決定好應該實際進行的工作以後，就要組織起工作的必要活動。

換句話說，管理者要把特定的工作分配給特定的人。然後再分配活動所需的資金及資源。

當管理者決定好目標，經營資源與手段自然也會確定下來。

這樣，組織就會開始運作。

### ◆提倡工作小組的杜拉克

「事業部結構」、「工作小組」、「分權制」等等，都是彼得．杜拉克於一九四六年所發明的。現在我們看這些制度已是司空見慣，然而在當時卻是相當奇異的想法。

當每一項工作都交付給特定的人以後，就必須讓對方對這項工作負起責任。

而且，還要將工作的「目標值」告知對方。

而為了測定並加以驗證工作的時間與成果，能夠綜觀整個組織的管理者就成了相當重要的存在。

### ◆與富勒的思想相通的杜拉克

自第二次世界大戰前至戰後，杜拉克與巴克敏斯特．富勒一直有往來。富勒是知名的天才建築師，同時也是一位數學家，以「地球太空船」的概念為人熟知。

富勒還提倡多面體與各平面相接的「協同幾何學」。

而杜拉克提出的分權制與事業部結構，都與富勒的思想息息相關。不管是創新也好，人才、財務也好，一切的事物都有所關連。在杜拉克的經營管理學當中，就存在著這樣的開闊視野，這正是杜拉克思想備受眾多企業家推崇的主要原因。

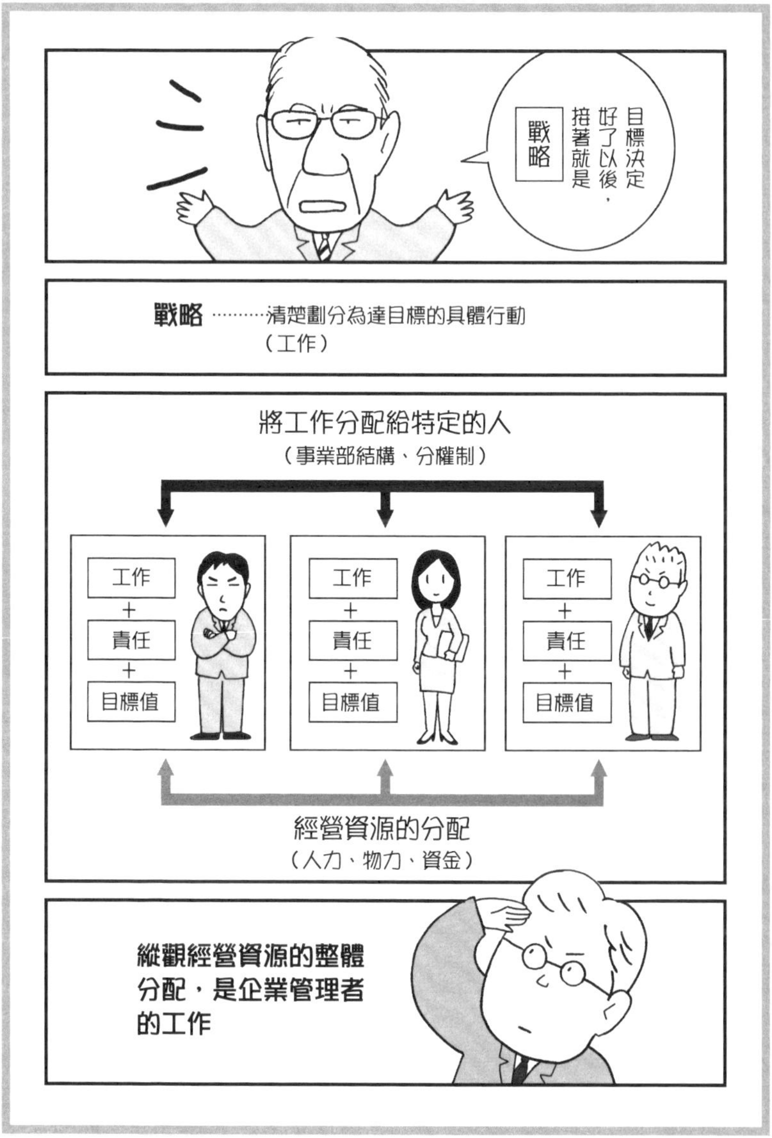


【①建立在「優勢」之上的工作要有明確分工 ＋ ②組織起各「工作」必要的活動 ＝＞ 開始進行工作】

# 誰才是有能力的人？

## 掌握工作的重要度與成員的能力

### ◆依照工作的重要程度，依序配置能力好的員工

杜拉克說：「頭腦好的人負責的工作，常常都拿不出好的成果。」

你所在的公司是否存在著能創造優秀成果的天才或明星員工呢？其實這樣的情況很常見。也有許多人把時間花在「無聊的調查」，最後只會寫報告而已。問題就在於「創造成果的能力」。

只想要僱用天才型的員工幾乎是一件不可能的事情。經營者與管理者應該要思考的是「**如何讓現有的員工創造出成果**」。具體而言，就是去思考「工作分權」，也就是「要開始做什麼？要繼續做什麼？」以及「要放棄那些事情？不可以放棄那些事情？」。弄清楚工作的重要度以後，**就可以依照「創造成果的能力」高低順序，配置相應的人才**。

### ◆決策是「責任」

杜拉克這麼說：「為了讓接下來的工作創造出好的成果，管理者要去思考哪個成員最適合接下這份工作，並予以任命。」

戰略計畫是一種「思考」，是將資源結合到行動之中。

數據資料或計劃充其量只是「工具」。**所謂的決策是進行思考、分析、想像與判斷**。這是一項伴隨著「責任」的行動。

### ◆回饋分析法是必要的

創業家會做出冒險的決策。

做了決策，就要「將組織體系化」，並付諸實際行動，然後比較並測定「成果」，再修正戰略。接著再實行、比較並測定「成果」，不斷地反覆進行這樣的過程。

這樣「一連串的過程」就稱為**回饋分析**。「管理」不可欠缺回饋分析法，**沒有驗證的經營是最糟糕的**。

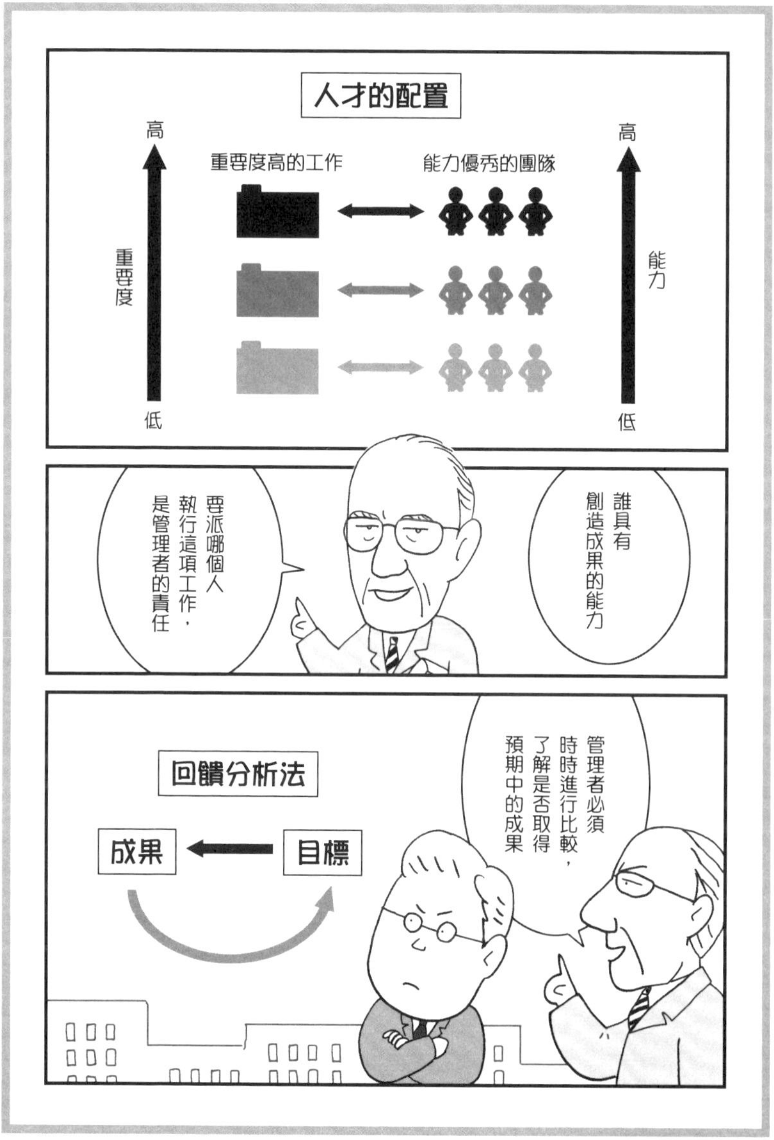


現有的成員要如何創造成果？最重要的是「創造成果的能力」。

# 未來無法預測

## 預測未來不會是「戰略計畫」的根基

### ◆所有成員都是經營中不可或缺的一分子

彼得杜拉克以越南的游擊戰舉例說明。

「請問你要如何在陷入膠著的戰線上與游擊隊交戰？」（在越南訪問步兵上尉）

步兵上尉雖為部隊的指揮官，當部下遭到游擊隊襲擊時，部隊的指揮官卻什麼都無法做。

前線部隊無法預測游擊隊會從哪個方向襲擊，所有的士兵都必須各自判斷與行動。

換句話說，**工作的目標、基準、貢獻等等，都要由士兵親自應對**。

士兵雖已接受事前訓練，知道「在那些場合應該要如何應對」，但在實際的狀況當中，不可能有指揮官告訴他們應該做什麼。在這種狀況之下，部隊的士兵只能各自做判斷，每一位士兵都必須成為管理者。

然而，部隊的負責人依舊是上尉。倘若士兵被游擊隊殺害，由身為指揮官的上尉就必須扛起全體部隊的「責任」。

### ◆未來無法預測

杜拉克表示「未來是無法預測的」。**我們只能「盡力去找出有可能的範圍」**。對於未來的預測並無法做為「戰略計畫的基礎」。

各位看了前面提到的「游擊戰」，應該都可以了解這句話吧。前線部隊不曉得游擊隊何時、從何處發動攻擊。他們能做的，就是決定「要把最強的士兵放在哪一條戰線」。

最重要的一件事，就是「我們要為不確定的將來做到什麼程度的打算」。我們都習慣先思索未來，然後才擬定戰略。而杜拉克則說：「思索未來雖有趣，卻也是一件沒有用處的事。」

杜拉克也說過，消除風險或減少風險是一件「毫無成果」的事。因為，「**經濟活動的本質就是一場冒險**」。

現在、當下「做出最合理的決策」，這就是所謂的「戰略計畫」。

要做出目前「最合理的決策」，這就是「戰略計畫」。

*Column 2*

# 影響杜拉克的人物〈2〉

## 博蘭尼

卡爾．博蘭尼是一位著名的經濟人類學家。他是出生於維也納的猶太人，由於參與匈牙利的解放運動，於是流亡至英國。

博蘭尼在牛津大學與倫敦大學擔任成人教育的講師，這也成為他寫下《鉅變：當代政治、經濟的起源》的基礎。後來，在杜拉克的介紹之下，博蘭尼前往美國的本寧頓學院擔任教授，並寫下了《鉅變》一書。

他的弟弟麥克．博蘭尼也曾提出著名的思想「內隱知識與外顯知識」。內隱知識指的是熟練工人當學徒時學會的知識，而外顯知識則是學校傳授的內容。這兩種知識則與知識勞動的理想狀態息息相關。

杜拉克一直都與博蘭尼一家有所往來。在先前介紹的正文當中也有提到，杜拉克住在倫敦的那段時間，與卡爾．博蘭尼的弟弟麥克．博蘭尼的交情甚篤，兩人幾乎每個週日都會一起去散步。麥克．博蘭尼是一名物理學家。

有一次，杜拉克在聖誕節當天受邀至博蘭尼的家中，而招待杜拉克的餐點，就只有水煮馬鈴薯。而且，馬鈴薯的皮還沒削乾淨，也沒有全部煮熟，端上桌時，甚至連乳瑪琳都沒得沾。博蘭尼在大學任職，照理來說應該有相當優渥的薪水才對。

那時的杜拉克感嘆地說：「這是我這一生當中吃過最粗茶淡飯的一餐，而且竟然還是聖誕節大餐。」而博蘭尼則回答：「匈牙利還有這麼多的難民，我豈能為了一己之欲，而揮霍薪水。」

經濟人類學者

卡爾．博蘭尼
（1986～1964）

# 第3章

# 知識社會與「勞動方式」的改變

20

# 理解何謂「知識社會」

## 「資本」並非生產手段，「知識」才是

### ◆何謂「知識社會」？

杜拉克創造了「知識社會」這個新詞，並且蔚為流行。

他說，儒家說的「知識」是「用來知『道』的工具」，而在佛教當中，「知識」不過是助人到達「佛的智慧」的踏板。

對於「知識」，杜拉克提出了新的想法。

「知識（knowledge）取代資本與勞力，成為了全新的生產手段。」

十八世紀，資本家向勞工購買「勞力」，用勞力換取財富。這時，資本家都會讓勞工的工作時間超過「必要勞動時間」，而當中的時間差就會為資本家創造出利潤。馬克思主義的創始人卡爾·馬克思將這樣的行為稱為「剝削」。

從前的社會裡，就存在著這種「先花錢購買商品，再把商品賣給別人，創造出新的財富（利益）」的樣貌。

### ◆資本家的力量已經式微

知識社會不同於以往社會，知識型勞動直接創造出「服務與產品」，因此資本家的力量開始在衰退。換句話說，從事知識勞動的老闆與員工反而變得更有價值。

舉例來說，網頁設計公司裡，員工開發出有趣好玩的網頁遊戲，他的存在價值反而勝過了有價的網頁。

**知識屬於知識型工作者所有。生產手段便掌握在知識型工作者的手上**。資本家持有「工廠（生產手段）」才有價值的時代已經成為過去式了。

### ◆「知識勞動者」改變了世界

直到第二次世界大戰左右，所謂的知識型勞動，多指管理職務、白領階級、從事學術、文藝工作的人、知識分子等等。二次世界大戰後，在以先進國家為主的區域內，大量出現需兼具體力勞動的知識型勞動，其中又以工業工程學的知識型勞動居多。杜拉克稱為「知識型工作者」的人們愈來愈多了。

知識屬於知識型工作者所有。生產手段掌握在知識型工作者的手上，資本家呼風喚雨的時代已經過去了。

# 「知識型工作者」的代表是？

## 高級技術人員的時代

### ◆技術人員變重要

許多的知識型工作者都要同時進行「知識勞動」與「體力勞動」。這些工作者雖具備高專業的知識，工作本身卻是一份體力活。

例如：醫學檢驗技術師、醫事放射師、復健科物理治療師、超音波影像技師、牙科相關人員等等。電腦產業相關的程式設計師、工程師、操作員也是。這類工作者稱為「**高級技術人員（Technologist）**」。

雖說工作的目的是「創造出成果」，那知識型勞動要以什麼做為成果？以成果為知識型勞動進行評價的前提，本身就已經不再適用，**企業應該將知識型勞動定義為「資產」，而不是「成本」**。企業的成本確實必須降低，而資產則是必須增加的。

### ◆「內隱知識」邁向「外顯知識」的時代

以往，在熟練工人的世界裡，技巧與手感才是最管用的。他們會說自己「手藝是偷學來的」、「手藝是無師自通的」。從前的企業跟這種「師傅與學徒的世界」沒有兩樣。物理學家麥克・博蘭尼將這種知識稱「內隱知識」。博蘭尼與杜拉克交情甚篤，承襲了許多杜拉克的思想。

「內隱知識」的相反為「外顯知識」。「外顯知識」就像是我們在學校或職場與他人共享的相同知識。

「**知識已經明文化、理論化**」，靠技巧與手感的世界將瓦解。倘若要以外顯知識作為知識管理的目的，就必須進行訓練與教育。

### ◆杜拉克也向麥克・博蘭尼的哥哥學習

杜拉克與麥克・博蘭尼的哥哥——卡爾・博蘭尼也有相當不錯的交情（博蘭尼一家為匈牙利人，由於納粹取得德國政權，遂逃亡至杜拉克居住的英國）。

杜拉克也受到卡爾・博蘭尼的「經濟人類學」的影響。這一段內容算是題外話，但多知道一些事情也無傷大雅。偉大的人吸取知識是不分對象的。

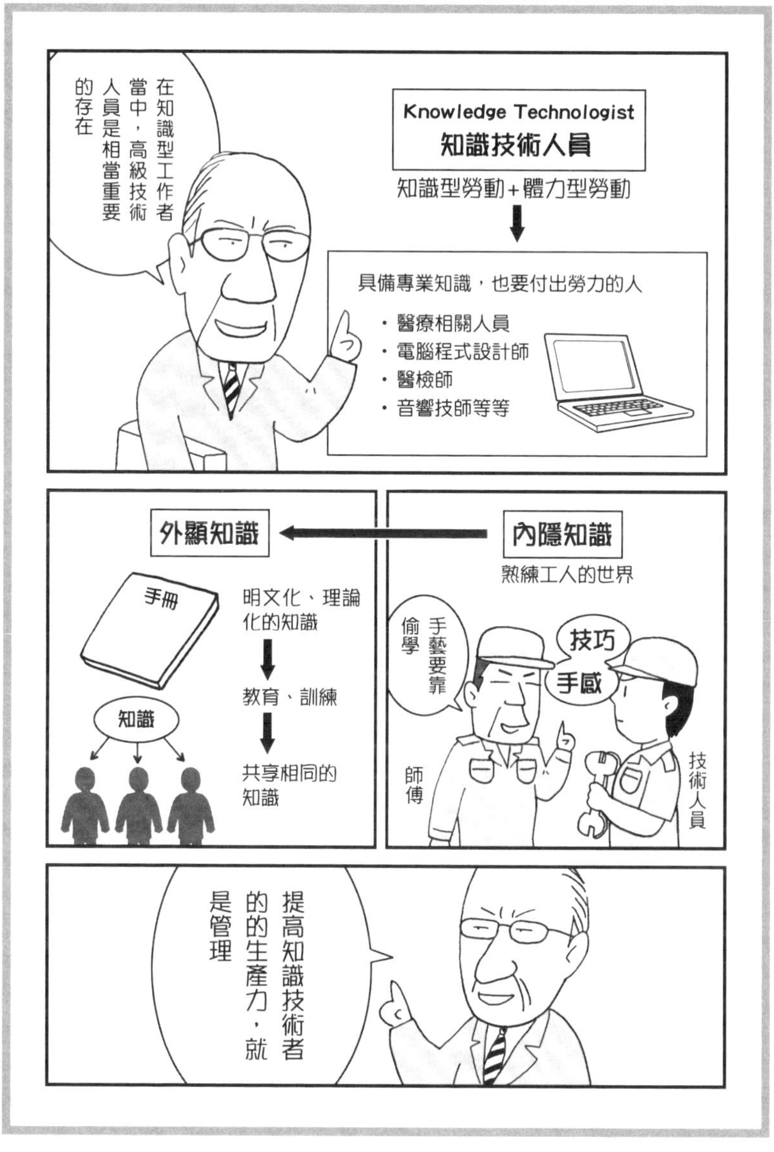


知識型勞動應被評為「資產」而非「成本」。企業必須減少成本，也必須增加資產。

# 高級知識型工作者與服務型工作者

## 三種工作者構成知識社會

### ◆知識型工作者會愈來愈多

杜拉克的著作《21世紀的管理挑戰》當中，提到工作者分成三種類型。除了前面提過的「高級技術人員」，還有「知識型工作者」與「服務型工作者」。「知識型工作者」具備專業知識，要對組織的成果負起責任；「服務型工作者」的專業性較低，主要進行不變的（定期的）例行公事。知識社會就是由「高級技術人員」、「知識型工作者」與「服務型工作者」構成。

管理者大多都屬於「知識型工作者」，而「服務型工作者」通常負責與組織的成果比較沒有直接關係的工作，例如：庶務、接待等等。這三種工作者相輔相成。

### ◆許多工作者都變成了高級技術人員

這三種工作者之間並沒有明確的劃分。從前救護車的救護員只要負責搬運患者，而現在的救護員還必須幫患者進行緊急治療，可以說「服務型工作者」正轉變為「高級技術人員」。就連現在的警察，也有專責網路相關犯罪的「網路警察」，消防員之中具備化學背景的人也愈來愈多。這是因為專業教育、專業訓練，以及工作內容的明確劃分等等，都愈來愈進步。

### ◆「高級技術人員」提高生產力

現在，護理師已經被劃分為高級技術人員，而且這份工作的生產力也提高了。護理的需求會愈來愈多，學習護理專業的學生就會持續增加，專為高齡者、身障人士、低收入者提供的醫療也在逐漸增加。

「護理師的工作目的是『滿足病患的需求』，卻有超過一半以上的時間都要忙著處理其他事情，包括製作文件、接聽電話、處理院內人際關係、開會等等。儘管如此，身為高級技術人員的護理師，還是會在短時間內把工作做得更好。」（彼得杜拉克）

醫院組織必須讓這份工作更有效率，否則這份工作將會失去其吸引力，願意成為護理師的人便會愈來愈少。這個道理適用於所有的高級技術人員。

知識社會由「知識型工作者」、「高級技術人員」、「服務型工作者」構成。

23

# 從科學管理到經營管理

## 知識社會為社會帶來革命性的變化

### ◆以科學方式管理勞動的時代

杜拉克非常關注泰勒的「科學管理」。

弗雷德里克・泰勒專門研究工廠內的體力勞動，在現代工廠經營方面有著劃時代的研究成果。

從前，工廠的生產力掌握在體力勞動者的手上，工廠若要提高生產力，就只能增加體力勞動者的工時，或讓他們更賣力工作。只是，體力勞動者愈操勞，作業效率自然也會愈差。

於是，泰勒提出了「透過新技術與新工具提升生產力」的新構想。他所提出的方式相當簡單，卻也是革命性的做法。

### ◆泰勒的構想席捲全世界

就某種意義而言，泰勒提出的做法破壞了技術的神祕性與浪漫。

取而代之的，是透過簡單而重複的動作進行產品組裝的生產線、系統化的體力勞動、工作與休息、品質管理等等，即使是知識淺薄的勞工，只要提供他們工作場所，他們在某種程度上就會知道該怎麼在這個場所工作。

這時，產品的品質便得以維持，並創造出更高的生產力。讓工作更有效率地進行，就有望達到更高的生產力。

泰勒的研究成就，奠定了今日的經濟和經營的基礎。

### ◆從「科學管理法」邁向「管理」

泰勒提出的科學管理法，是由管理者管控工廠。

而「知識社會」是藉由「管理」專業知識型工作者、高級技術人員、服務型工作者，創造出更多的服務和產品。

今時今日的組織（企業），人人都擁有一台電腦，組織需要的不再是命令，而是「管理」。

知識社會的組織所需要的不是命令，是「管理」。

# 工作者希望承擔責任

## 「賦予責任」是管理的任務

### ◆杜拉克提出的分權制在福特汽車取得了成功

杜拉克於一九四六年提倡「分權制」（《公司的概念》）。這是他在進行通用汽車的企業研究時提出的構想，但是當時的通用汽車對於分權制的概念並不以為然。而最早採用這個構想的企業，則是通用汽車的對手——福特汽車。

創始人的孫子亨利．福特二世成為福特汽車的總裁以後，親自推動組織改革，採用分權制。他與杜拉克簽署了顧問合約，將杜拉克的著作《公司的概念》當作經營教材，推動組織的分權化，並大獲成功。

### ◆勞工眼中不是只有薪水

杜拉克與通用汽車其實大有淵源。

一九四一年，通用汽車的執行長查爾斯．威爾遜認同杜拉克的想法，推動公司內部的改革行動。為了改革通用汽車經營不振的問題，威爾遜實施了大規模的態度調查。他以「我的工作以及我喜歡工作上的哪個部分」為題，向企業員工募集作文。而結果則是「令人莞爾一笑的失算」。因為收集到的作文實在太多了，有超過三十萬人投稿，相當於三分之二的企業員工參與了這項調查。

杜拉克在看過數千人的作文以後，發現了一件事。以往，**大家都認為「勞工只是為了工資才工作」，但他從這些作文的內容發現，其實「勞工也想承擔責任」**。

這讓杜拉克更加明確「知識型工作者」與「承擔責任的工作者」的構想。

### ◆「貝多芬」不演奏

「知識社會必須像個交響樂團一樣。」（杜拉克）

即使是鋼琴演奏家貝多芬，他在指揮樂團的時候也不會參與演奏。每位演奏者有各自要負責的演奏部分，而指揮家則要「管理」整個樂團的演奏。

企業的經營者都應該像個交響樂團的指揮家，整合有才能的演奏者，展現出成果。

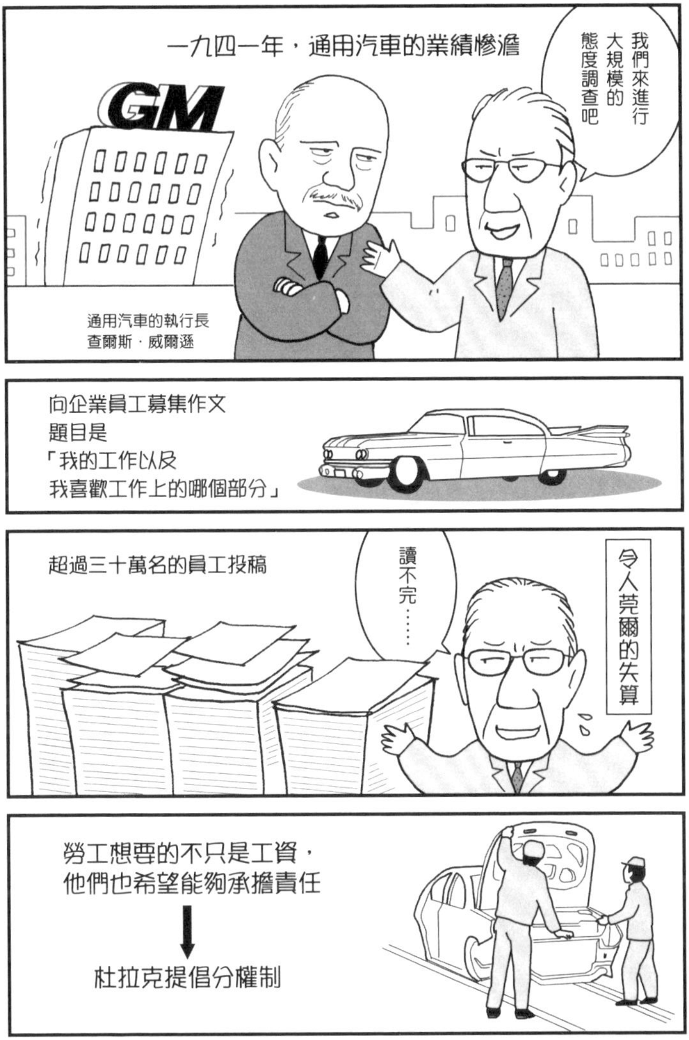

經營者要像個交響樂團的指揮，賦予員工責任是經營者的任務。

25

# 管理是經營的骨幹

## 以西門子與三菱為例，檢視管理的重要性

### ◆西門子雖然厲害

「管理對於組織而言是必要的。」（《管理大師彼得・杜拉克最重要的經典套書》）

杜拉克以德國的優良企業——西門子公司為例，說明沒有管理團隊的企業所遭遇的失敗。創始人西門子是一位慈祥又有能力的人，他靠著強大的領導能力，讓西門子公司的業績躍升。

西門子在經營上只有設立「左輔右弼」，並未設置「管理團隊」。後來，西門子公司進入了業績下滑的時代，公司的經營也失去了方向。西門子過世以後，公司內部終於成立了管理組織。在那之後，西門子公司的業績復甦，有了突飛猛進的成長。

### ◆三菱集團由創始人的家族進行管理

杜拉克也以三菱集團舉例說明。

三菱公司的創始人岩崎彌太郎原是身無分文的武士，後來成為三菱公司的創始人兼所有權人，公司卻在一九二〇年代停止了發展的腳步。岩崎彌太郎也在那個時候過世，但岩崎家族的人與親信遵守他留下的家訓，並為公司進行組織改革。他們創立了日式「管理團隊」，三菱公司就是從那時開始，有了真正的發展。

### ◆「管理」是骨幹

杜拉克更以生物學舉例說明。

「有堅硬皮膚或構造複雜的生物（例如：昆蟲），通常都只能成長至一定的大小。」（英國生物學家達西・湯普森）

脊椎動物（哺乳類）則因為有骨骼支撐，使體型得以發展。

**「管理」如同企業的骨幹，有骨幹的支撐與庇護，無數的成員（功能）才能處理體內各式各樣的問題**。因為具備骨幹，企業才能像脊椎動物一樣茁壯地成長。

西門子公司與三菱公司，讓世人知道了「管理」的必要性。

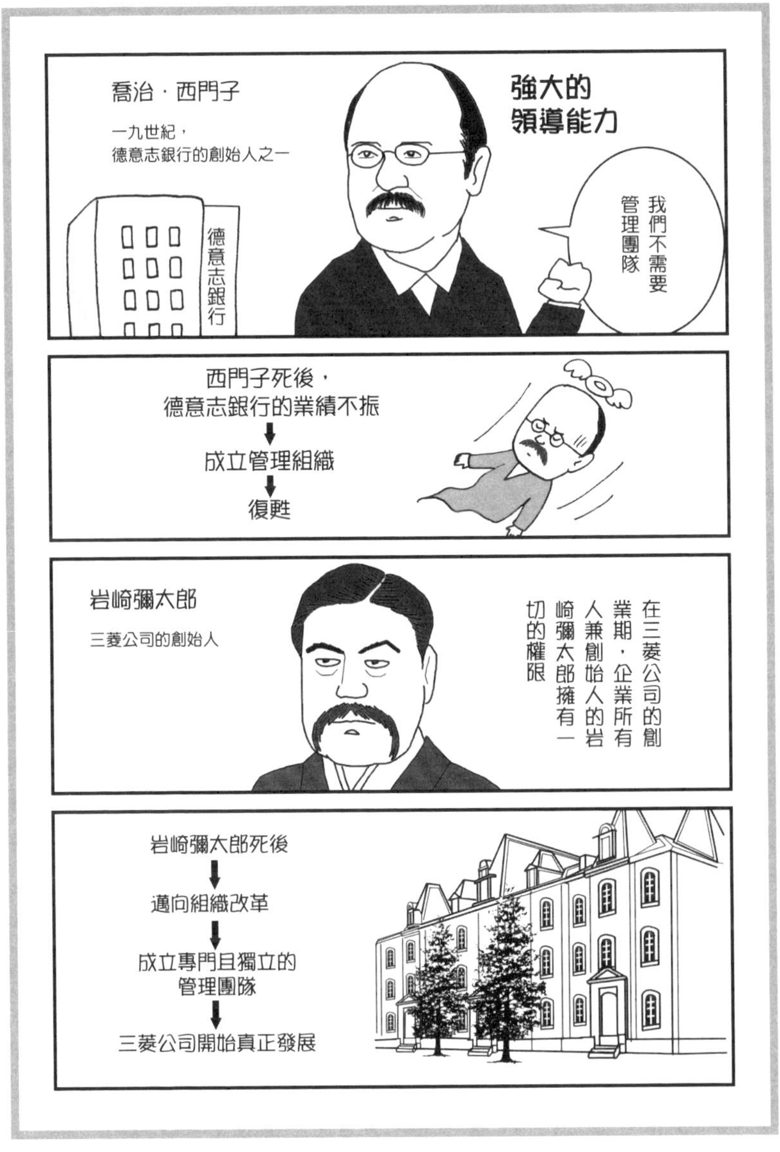


「管理」是企業的骨幹。無數的成員（功能）在骨幹的保護之下，處理體內各式各樣的問題。

26

# 提升生產力的六大重點

## 組織成員要自己思考「目的」

◆**提高生產力的重點**

先前介紹了泰勒的「科學管理」，這種管理法的重點在於「如何有系統地進行作業」。資本家讓體力勞動者有條不紊地在工廠裡排成一條又一條的生產線，以利進行作業。倘若工廠要提升生產力，就要從物理方面進行改良，例如：提升作業效率、引進新作業機器等等。

然而「知識社會」的做法則大不相同。在知識社會當中，要提升生產力的不再是以往的體力勞動者，而是以知識型工作者為主。杜拉克說：「有多達五分之二的人屬於知識型工作者。」已開發國家的繁盛與生存，都取決於這一點。

杜拉克也提出了「提升生產力的六個重點」（《21世紀的管理挑戰》）。

❶ **思考工作的目的**
❷ **工作的人要對生產力負責**
❸ **持續創新**
❹ **自學不輟，並傳授他人**
❺ **了解「質勝於量」**
❻ **明白知識型勞動不是成本，是資本**

◆**每一名員工都要思考工作的目的**

「目的」不是「只有經營者知道就足夠了」。就像先前舉例的交響樂團一樣，每位成員都有各自要負責的樂譜（職責）。

我們一再重複，知識型勞動最重要的就是「目的」。體力勞動者不必過問「我們應該做什麼」，他們要問的是「我們應該怎麼做」。福特汽車的組裝生產線就是如此，負責車體生產線的員工只要照著步驟組裝車體就行。農業工作也是一樣，工作內容都已經有一套的例行作業步驟，務農的人也不可能種田種到一半，停下引曳機跑去開會。

而在「知識型勞動」當中，每一名成員都要思考並判斷工作的目的。只是，有一點非常重要，那就是組織成員絕不能為了提升生產力，就改變組織整體的目的。

提升知識型工作者生產力的六個重點
1 思考工作的目的
意思是每位員工都要思考工作的目的
2 工作者要對生產力負責
3 持續創新
4 自學不輟，並傳授他人
5 了解「質勝於量」
6 了解知識型工作者是資產，不是成本
知識型工作者不是經費成本，是資產
未來用於生產的資產
知識社會就是個交響樂團
提升品質比大量生產更重要
磨練演奏技巧是演奏者的責任
管理者不必演奏
擁有同樣的樂譜（目的）
每個人都有各自的責任

每位成員都要各自思考「目的」，根據狀況做出判斷，承擔工作的責任。這是提升生產力不可或缺的關鍵。

# 溝通的四大要素

## 影響企業的興衰

### ◆溝通對於團隊合作是必要的

杜拉克認為「組織成員沒有所謂的上司跟部下，全部的人都是同事」。同事之間最重要的就是團隊合作，因此溝通就有其存在的必要。

在《管理大師彼得．杜拉克最重要的經典套書》當中，杜拉克列出溝通的四個要素。

**❶溝通要具備感知能力**
**❷溝通要符合期望**
**❸溝通要迎合需求**
**❹溝通不是發送訊息**

### ◆這四個要素的意義

第一個要素是認知能力，指的是「**接收者的能力**」。電視的兒童節目若使用艱深的用詞，小朋友就會看不懂內容，這是因為「接收者的認知能力」還不夠厲害。既然是兒童收看的節目，就必須使用兒童認識的用詞。人與人的溝通非常注重這一項認知能力。

第二個是「符合期望」。**接收者只會對「心中期望的事情」產生認知**。不符期望的內容，對方可能就會選擇無視或產生錯誤認知。這個道理就跟告白一樣，對方明明不喜歡你，但你還是跟對方告白，當然不會有結果。

第三個是「迎合需求」。在報紙雜誌的版面當中，主欄位以外的部分還會有一些文字，這個部分很容易吸引讀者的目光。另外，用來消遣時間的小遊戲也都很讀者的歡迎。**當內容符合接收者的價值觀、目的，這些內容就會具備力量**。而接收者本來就會釋放出訊號，讓對方知道他們「需要」什麼。

第四點的「溝通不是發送訊息」也許不是很好理解，意思是溝通與資訊之間有著相互依存的關係。

簡單來說，如果只是單方面地傳送資訊，並不能稱為溝通。**資訊要真的傳達給接收者，才能稱為溝通**。

溝通最重要的要素不是「傳送資訊」，而是對方要「收到資訊」。資訊固然重要，但溝通才是更要緊的事。因為，溝通可以左右企業的興衰。

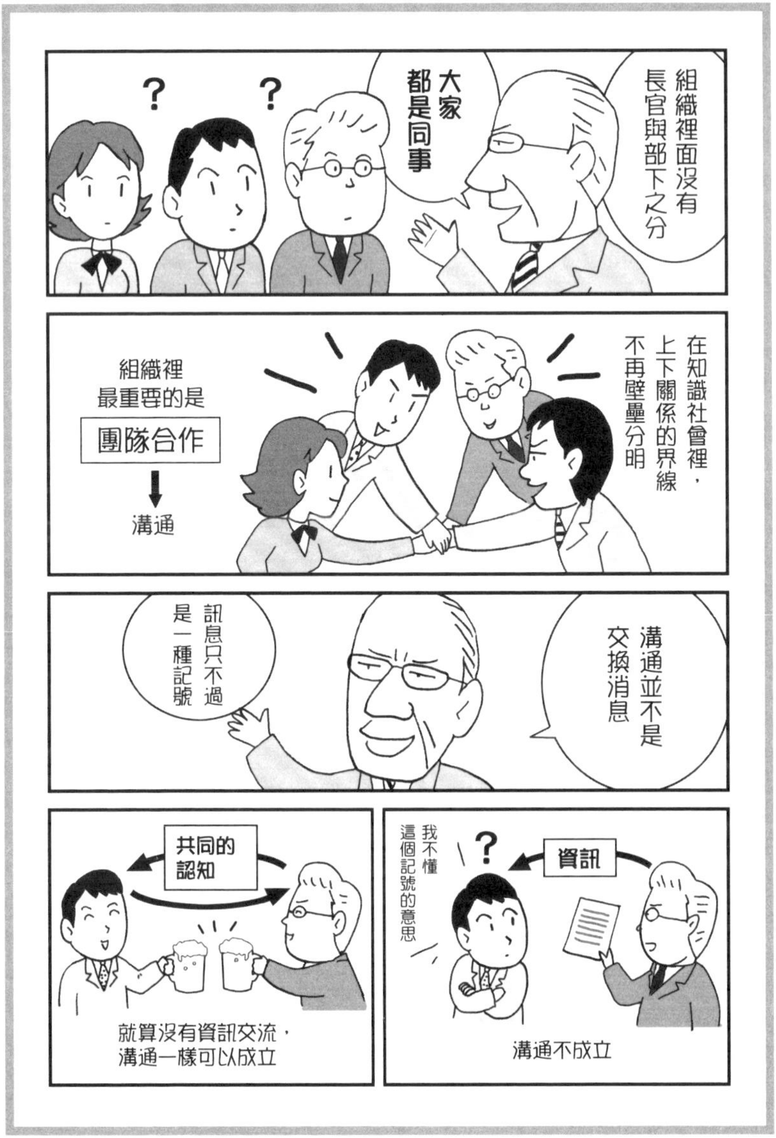


是否了解溝通的四要素，是左右企業繁盛與衰微的關鍵。

*Column 3*

# 影響杜拉克的人物〈3〉

## 齊克果

索倫・奧貝・齊克果是丹麥的哲學家。現在被稱為存在主義的創始人。

齊克果是一位令杜拉克相當懷念的哲學家。

杜拉克為了讓父母開心，於是進入法學院念書，但他對學校的拉丁語課感到厭煩，根本就沒去上課。而學校前面有一間公立圖書館，杜拉克就跑到那裡找了許多以德語、法語、英語撰寫的書籍來閱讀。

杜拉克說自己是「在圖書館接受真正的教育」。其中，影響杜拉克最深的，就是齊克果的思想。

當時，除了丹麥的人以外，幾乎沒有人知道齊克果是誰。齊克果曾批判德國哲學家黑格爾，但與其說他在批判黑格爾，倒不如說他是在批判丹麥教會的

「形式主義」。

相對於黑格爾極為抽象的思想，齊克果的哲學思想則是從人性的角度出發。

當時，杜拉克為了大學考試寫了一篇論文《巴拿馬運河在世界貿易中的作用》。這篇論文被刊登在德國的經濟季刊上，杜拉克因而成為一名經濟記者。但比起以數字與商品為對象的經濟學，杜拉克更關心與感興趣的，其實是有血有肉的人類。

自法學院畢業二十二年之後，杜拉克撰寫了一篇關於齊克果的論文。

哲學家

索倫・齊克果
（1813~1855）

# 第4章

# 組織也必須要「創新」

28

# 知識型工作者不依附於組織

## 工作者的轉變

### ◆知識型工作者不依附於組織

從前，企業一直將「勞工視為成本」。所以，景氣好的時候就會驅使勞工賣命地工作，景氣差的時候又會以「企業重建」、「減少派遣人力」為由解僱勞工。

然而，「知識型工作者」並不依附於組織。這些工作者具備的知識與他們本人同在，他們容易受到其他企業的挖角，要不要被挖角也是他們個人的自由。

例如：所謂的行銷人，就是進行市場行銷的知識型工作者。這些行銷人會動用許多成員進行市場調查，並做出好成績。當他們完成這份工作以後，明天就會進行其他間公司的市場調查。能力優秀又強大的「行銷人」是相當活躍的。

### ◆體力勞動者的新世界

「在已開發國家中，有五分之二的勞工都屬於知識型工作者。」（杜拉克）知識型工作者在本質上都具備外包的性質。像是許多電視公司或出版社的製作部門，通常都沒有上下班打卡的規定。

知識型工作者以外包的形式進行工作，是杜拉克所說的「典範轉移」，想必未來也會繼續增加。

### ◆杜拉克從馬克思身上學到的事

杜拉克從馬克思的思想學到了「舊時的勞動樣貌」。因此，他對於「勞動性質的轉變」才有正確的認識。

「勞工切不斷資本家手中那條箝制的鎖鏈，在殘酷的勞動之下，反覆地遭到資本家剝削與異化。就算勞工倒下了，資本家失去的不過是一條鎖鏈。但是終有一天，那些鎖鏈的重量會讓資本家自取滅亡。」（馬克思）

馬克思認為，當資本主義走到盡頭時，就會進入到下一個階段，那正是共產革命。杜拉克反對這樣的看法。他認為資本主義走到盡頭之後，出現的應是泰勒所說的生產力革命。

生產力革命也就是本書當中出現的「科學管理法」。在科學管理法之後，第三個階段就是管理革命。

知識歸個人所有，因此知識型工作者不依附於組織。

# 組織的構造沒有標準解答

## 透過外包的做法，把精力集中於主要的工作

### ◆以業務外包的做法提高生產力

知識型工作者是依循組織的目的在進行工作。知識型工作者要專注在他們原本應該做的工作，而那些工作會提高企業的生產力，加強企業的競爭力。

杜拉克以百貨公司的專櫃人員為例。

專櫃人員的工作是接待顧客與販售。不過，除此之外，他們還有許多工作要做，例如：填寫單據、整理文件、接聽電話、出貨作業、處理同事與主管之間的人際關係、整理店內擺飾等等。如此一來，「生產力」就不會增加。

專櫃人員必須將精力專注在他們專長的工作上，才能提高生產力。**倘若要讓專櫃人員全心全力服務顧客，就必須採取業務外包的做法**，許多工作都應該交由其他的專業人員負責。

### ◆組織沒有正確的架構

「組織具有獨一無二的正確架構」是不正確的觀點。

從前，軍隊是組織的代表，直到後來，形形色色的企業才建立了各式各樣的組織，例如：分權型、團隊型等等。

杜拉克說：「爵士樂團是組織架構的範本之一。」「即興合奏（Jam session）」是爵士樂的演出方式之一，樂手們自由地合奏，讓音符與音符碰撞出樂曲。

換句話說，「**身為組織的一分子，但並不依附組織，每個人都要創造出最棒的成果**」，才是組織應有的樣子。

組織不是為了組織而存在。

組織是為了提高工作者的生產力而存在。

企業經營活動的結構，還有「業務外包」、「企業聯盟」、「企業合作」等各式各樣的勞動方式。對於工作的目的，要重視各自的專業性並保持專注，這才是最好的工作方式。

經營者應該追求的是「工作的進步」，是「工作的品質」。

「身為組織的一分子但不依附組織，每個人都要創造出最棒的成果」，才是組織應有的樣子。

# 打造一個管理變化的組織

## 組織也必須要持續改變

### ◆「改變」也是需要管理的

必須做出改變的，不光是知識型工作者。「組織」也必須靈活地順應變遷。

如同先前提過的，杜拉克認為組織應該思考「現在該做什麼、現在應該開始做什麼」。更表示「不是現在應該做的、不是現在應該開始的，都應該到此為止，不再繼續」。改變也一樣，**建立一個「管理變化的組織」才是最要緊的**。

### ◆變化的重點有三個

對於企業而言，改變的重要性不必多言。而改變的重點有三個：

**❶ 產品與服務要持續改變**

有些歷史悠久的產品早在二戰以前就存在，但因為知道要與時俱進，而不停地進行改良，所以這些產品才會歷久不衰。

**❷ 開發全新的用途或用法**

現在賣得很好的商品或服務，在新的時代裡未必還會繼續受到青睞；不過，將來也有可能開發出全然不同的市場。

**❸ 組織本身的創新**

企業不可能只改變產品或服務，組織本身也必須不斷求新求變（改變的方式之後詳述）。

### ◆杜拉克的預測成真

第二次世界大戰之前，杜拉克還是一名經濟記者，當時的他曾預言「納粹與蘇維埃將會攜手合作」。身旁的人都笑杜拉克，說：「一個是極右派，一個是極左派，兩個結構完全不同的組織怎麼可能合作？」

結果，希特勒與史達林果真為了彼此的利益，決定攜手合作，簽訂了德蘇互不侵犯條約。納粹與蘇維埃的此番合作，成功跨越了兩個不同結構的組織。

杜拉克認為沒有一個組織是固定不變的。因此，這則「不祥的預言」才會真的應驗。

建立「管理變化的組織」是最要緊的事。

# 創新並非「改善」

## 不間斷地結合新事物

### ◆「創新（革新）」是連續的

何謂「創新」?若用一句話來說，那就是「**推動新組合**」（熊彼得）。

「驛馬車到火車的變化」就是一個淺顯易懂的例子。這個改變使物流時間大幅縮短，運輸量則有爆發性的增加。這正是創新。

杜拉克很感嘆，他說：

「許多組織都不了解『何謂創新』、『要如何創新』，頂多只是承繼或改進以往在做的事情而已。」

### ◆新事物的結合

熊彼得說：「新組合會實踐創造性破壞。而這就是創新。」而杜拉克則是把「創新」定位為「創造顧客的功能」。

「**創新與市場行銷正是『管理』的兩大功能**。」（杜拉克）

### ◆杜拉克的定義

「創新不是跟過去劃清界線的革新行為，不是由愛迪生那樣的天才做到的。

創新也不是來自上天的指示。**是來自於平凡人的各種努力，這些努力包含：確立明確的目的意義、反覆推敲與琢磨各種辦法、進行周詳縝密的分析等等**。換句話說，創新不是劃時代的，而是有組織的；創新不是獨創的，而是有系統的。」

杜拉克說：「創新是一件很有風險的事。」但是，若不進行創新，要面臨的風險就會更大。

翻天覆地的變革並不容易做到。創新只能是「保守的」。

因此，在創新時最重要的一件事，便是製作「測試版」。不管是組織，還是服務、產品等等的創新，都要先試做小規模的實驗範本。

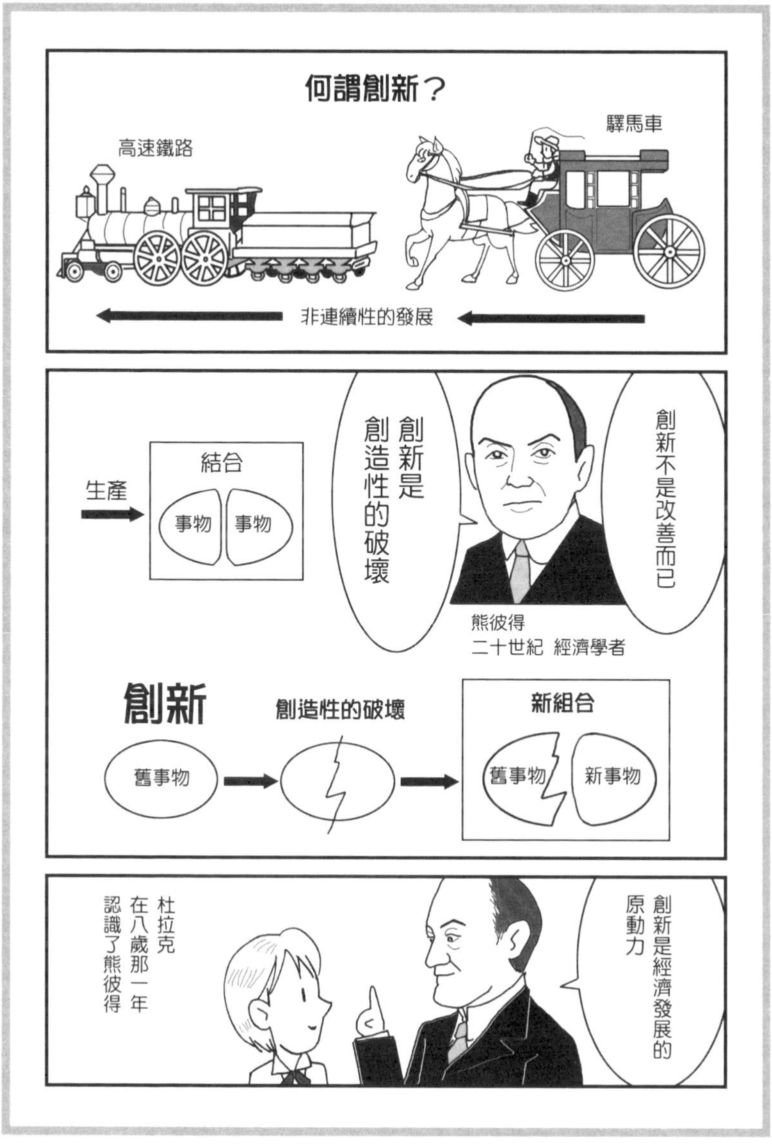


創新與市場行銷是「管理」的兩大功能。

32

# 創新會重現奇蹟
## 分析「預期之外的成功」

### ◆創新會再現奇蹟

有些不治之症的病人會在突然之間痊癒。他們可能是自然病癒或借助信仰的力量，甚至有人透過飲食療法或適度的睡眠把病治好。

這些病例是真的存在。不過，這樣的經驗既無法讓他人效法，也無法傳授給他人。換句話說，這是無法成為「科學」的經驗。我想應該不可能真的有病患做了同樣的事情，就把病給治好了。同樣地，不論是發明還是天才的靈感，終歸只是一時的創意。

以淺顯的方式來說，**創新就是動員「目標感」、「體系」、「分析」的手法，再現「奇蹟」。倘若沒有「目標感」、「體系」、「分析」，「奇蹟」就只是空談**。

### ◆分析預期之外的成功

有些意想不到的商品竟然成了熱銷商品。有時我們再怎麼思考還是不能理解「為什麼這個東西會賣得這麼好」。也有一些菜鳥業務員跑到一些令人想不到的地方推銷商品，結果最後真的成功與客戶簽約。

**要針對這些「預期之外的成功」進行分析、研究，找出「為何成功賣出」的核心原因，別讓這次的成功只是曇花一現，才是最重要的一件事**。

我們要做的，不是「守株待兔」，而是「主動出擊」。

要達成目標，就要進行分析與建立體系。而這就是創新。「連續性的發展」就是從此誕生的。

### ◆創新是需要成本的

創新當然要耗費時間與金錢等成本。

假設產生一個新構想需要的成本為一，研究的成本大約是十，而開發的成本則是一百倍。製作產品、推動事業的成本，更有可能是天文數字。但要是因此心生畏懼的話，那就不可能有任何的創新。

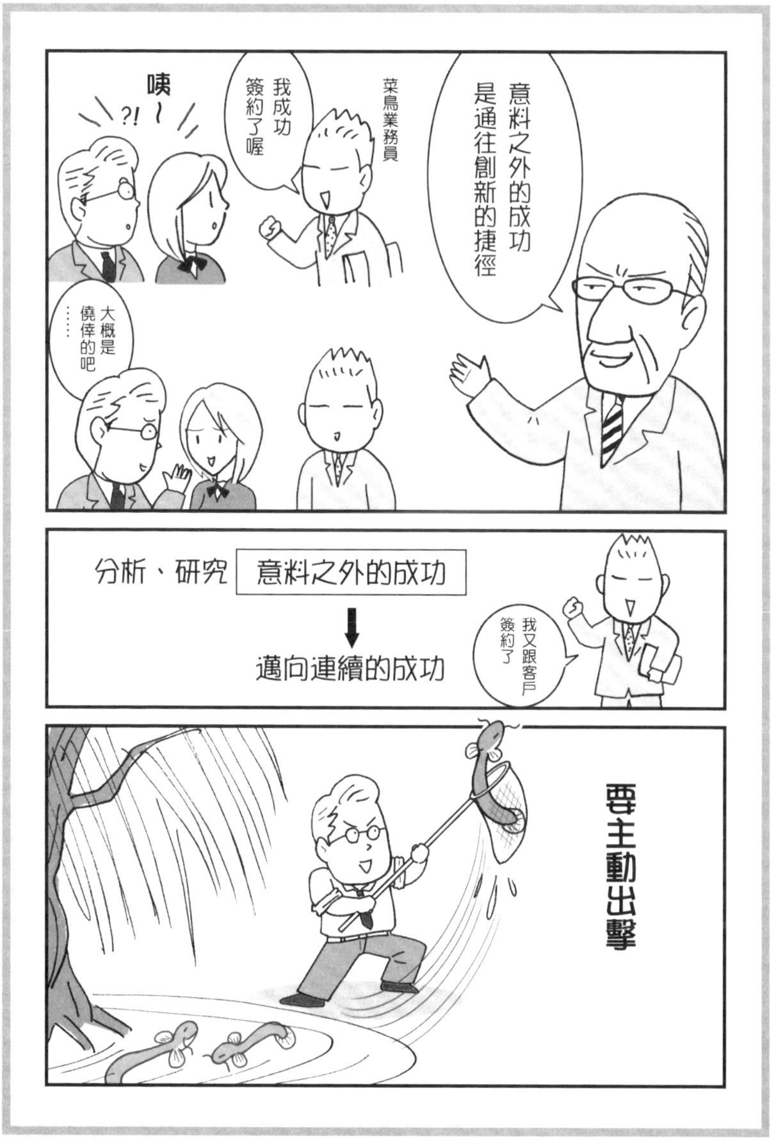


[ 倘若沒有「目標感」、「系統」與「分析」,「奇蹟」就只是空談。 ]

33

# 分析七種機會

## 了解「正在發生的現實」

### ◆創新的七個機會

要有系統地分析「哪些事物」，又要如何掌握機會，才能創新呢？

杜拉克列出了七個創新的機會：

**❶預期之外的事**
**❷落差**
**❸需要**
**❹構造變化**
**❺人口變化**
**❻認知變化**
**❼獲得新知識**

我們要做的，就是有系統地分析這七件事。

### ◆要好好地去了解「已發生的既定事實」

要了解「已發生的既定事實」，理論性的分析自然是必要的，感知也是絕對不可缺少的重點。**不論如何，絕對不可以忘了顧客（人）**。因為這才是最重要的一點。

所以，我們必須到外面的世界，多看、多問，好好地去了解顧客與民眾。

不論如何，我們都必須去思考「這能不能為使用者帶來好處」、「這是不是符合以後的使用者的期待或習慣」。倘若要做到這一點，觀察「人類」就是絕對必要的關鍵。

### ◆觀察人類與社會

杜拉克還住在英國的時候，有一陣子都會到大學聽凱因斯的經濟學課程。

凱因斯主張「景氣由政府創造」。對於凱因斯的經濟學只將重點放在資金與商品的數字，杜拉克則抱持相反的意見。

於是，杜拉克離開凱因斯所在的倫敦，特地漂洋過海前往經濟蕭條的美國。這一段關於杜拉克的故事，也顯示出杜拉克的個性。

不論如何，都不能夠忘了顧客（人）。

34

# 所謂的集中，就是簡單化

## 創新要一點一點地開始

◆「從小規模開始做起」

創新若要成功，關鍵就在於「選擇與集中」。簡單來說，就是「集中焦點」；換句話說，就是「簡化」。要是把創新想得太複雜的話，就不會跟新市場、新用法、具體的用途產生交集。

「小小的起步才是最要緊的。」（杜拉克）

太大的構想往往都不會順利。首先，要從限定範圍的小規模市場試著做起。但即使如此，還是有可能慘遭滑鐵盧。**就是因為這樣，我們才要時常踏出一小步，留意自己的目標，不斷地重複「改良、改革與革新」**。

◆「先從簡單不複雜的事開始」

創新不能夠過於刁鑽。創新的結果必須要讓一般人都能夠接受。畢竟絕大部分的顧客，都屬於一般人。

「**過於刁鑽的創新必定會失敗。**」

創新也不能零零散散，應該要做的事情一件就夠了。企圖一口氣做許多事情，就會偏離創新的核心，最終煙消雲散。

**創新必須要有核心**。不管是技術、知識，還是市場，一旦偏離了核心，這項創新就會分散、不集中。

更進一步來說，創新並不是「為了將來」。那些因應高齡化社會、超高齡化社會的商品開發，的確是著眼於未來，但創新是為了當下。開發與研究都是現在的事情。若忘了這一點，我們在創新的路上就會一再遭遇挫折。

反正，現在去做就對了。

◆「不要冒險躁進」

冒險家都是在冒險之中前進。但杜拉克說：「創新不是在冒險。」我們一直重複一點，那就是**不要進行單次的大變革，要反覆地進行小變革**。

畢竟，組織並不需要所謂的「英雄」。

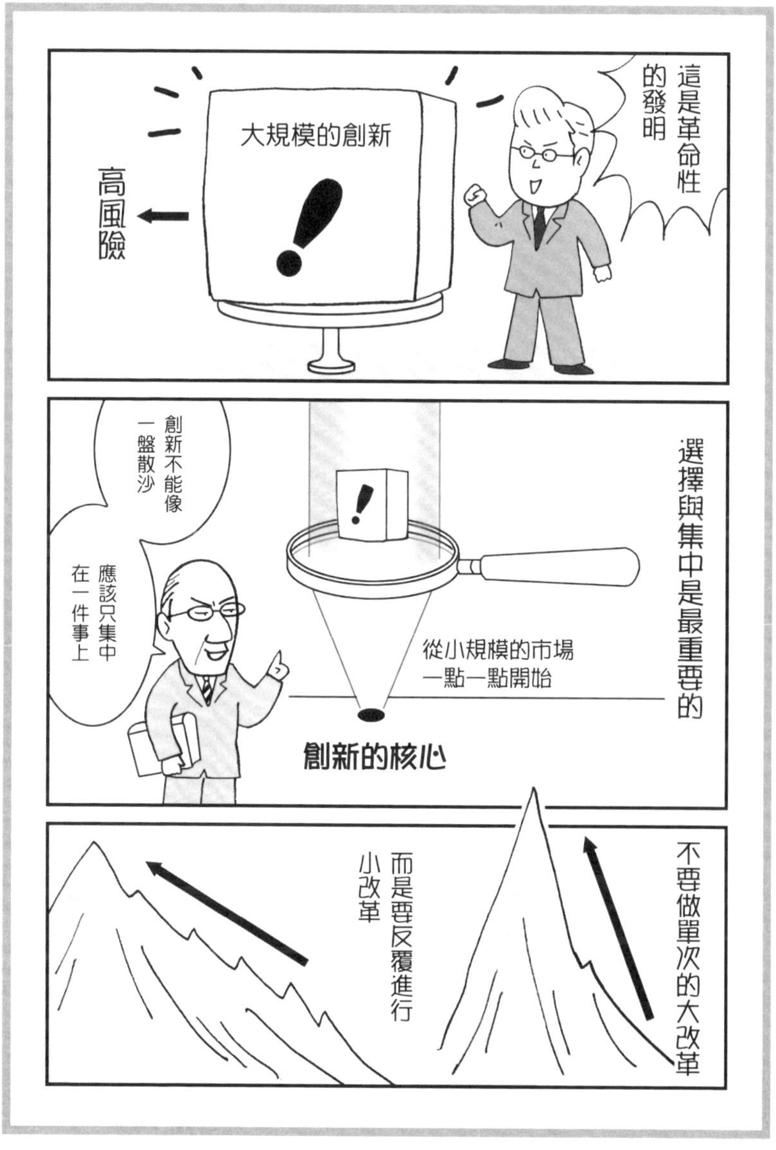


創新必須有核心。要集中焦點，簡單化。要反覆地改良、改革與革新。

35

# 事業必須革新

## 最高領導人應該具備的「態度」

### ◆每三到五年就要重新審視一切

創新也是把握「事業機會」。

社會在革新的時候，企業若能與之呼應，進行內部的「改善」與「開發」，創新就會成功。

我們一再地強調，企業應該做的「技術革新的創新」，主要指的是工程師、研究人員進行的產品、過程、服務的革新。

「社會革新的創新」，指的則是由市場行銷、財務、人事部門進行的革新。

「**事業必須要時常保持革新。**」（杜拉克）

因此，正如我們先前所說的，「有系統地摒棄」也成為非常重要的一件事。

「**企業每三至五年就必須重新針對所有的產品、服務、過程、方針，進行通盤的思慮與檢討。**」（杜拉克）

創新可以說是一件必然的事。

### ◆有時「改善反而比創新好」

如果「改善」是提高以往的製造程序或流通管道的效率，成功機率大約有百分之五十。但是創新的成功機率只有百分之十不到。

在某些情況下，進行改善就能解決問題的話，反而會是更好的選擇。

另外，日本人在「改善」這方面的功力是世界頂尖，因此「改善」的日文羅馬拼音「ＫＡＩＺＥＮ」，也成為了世界通用語。

### ◆只要存在著「阻力」，問題便無法解決

創新不能用一般業務的基準、預算或支出來進行，必須編列特別預算。

「**只要企業內部存在著阻止改變的力量，問題便無法解決。包含預算在內，企業最高領導人的態度是最重要的。**」（杜拉克）

為了時時都保持革新的狀態，組織必須每三至五年重新針對所有的產品、服務、過程、方針，進行通盤思慮與檢討。

*Column 4*

# 影響杜拉克的人物〈4〉

## 麥克魯漢

赫伯特．馬歇爾．麥克魯漢是出生於加拿大的媒體評論家，曾就讀加拿大的曼尼托巴大學，以及前往英國的劍橋大學留學。

麥克魯漢原本是一名英語文學家，後來提出了關於媒體的論文，故聲名大噪。

他以嶄新的視角提出許多關於媒體的論點，在日本也非常受歡迎。

「媒體即訊息」是麥克魯漢最有名的一句話。

通常，我們都認為媒體是一種媒介、傳遞方式。麥克魯漢則表示媒體包含「像命令一樣的事物」在內。他主張技術與媒體都是「人體的延伸」。

「人體的延伸與切斷」、「冷媒體與熱媒體」等等，都是麥克魯漢提出的電視理論，觀點非常新穎。

杜拉克三十歲的那一年，在學會與麥克魯漢結識。麥克魯漢似乎與杜拉克很投緣，後來的二十年間也經常拜訪杜拉克的住家。

杜拉克認識了麥克魯漢之後，美國發生了珍珠港事件，杜拉克也將生活據點從北卡羅萊納州移到了華盛頓。

而麥克魯漢也因為與杜拉克結識，再提出了各種理論。

媒體評論家

馬歇爾・麥克魯漢
（1911~1980）

# 第5章

# 為組織引進「戰略思考」

36

# 市場與需求隨時在改變

## 預測跟不上時代的腳步

### ◆不能片面地斷定市場或需求

在製造程序或流通的過程、消費者、供給與需求等各方面，市場或業界都有許多「大家認為理所當然之事」。

從前，啤酒一定是使用玻璃瓶分裝、與人聯絡要透過電話或電報、鐵道一定是用鋼鐵製造的、想吃飯就要自己煮，不然就要到餐廳。但是，後來世界上出現了罐裝啤酒，日本的新交通系統則採用了水泥軌道，人與人的通訊方式也多了網路通訊。邊走邊吃在日本是不禮貌的行為，但現在也出現愈來愈多邊走邊吃漢堡的年輕人。**我們絕不能夠片面地斷定市場與需求**。

「現在與未來之間的落差」與「理想與現實之間的落差」一直都存在。

### ◆杜拉克對股票的預言失準

過去，無論是日本還是美國，商業銀行都會以存款購買股票，因此股價不斷地往上攀升。杜拉克預測「股價會持續上漲」，然而還是遇上了黑色星期一，股價大跌。

杜拉克慚愧地表示：「我以後再也不會對股市發表看法了。」

其實，杜拉克在預言失準之後，還是成了經濟記者。只是，沒有什麼人看過杜拉克撰寫的報導，所以幾乎沒有造成影響。

### ◆預測趕不上「變化」

那次的股價暴跌促使美國政府反思，後來便通過了《格拉斯－史蒂格爾法》（Glass-Steagall Act），商業銀行再也無法進行投資。照理來說，商業銀行的存款應該會愈來愈多，卻又出現了意想不到的勁敵——信用卡。在美國，甚至曾經有人持有二十張以上的信用卡。簡單來說，比起把錢存在銀行，民眾更傾向於花錢消費。

我們的預測永遠趕不上時代的改變。

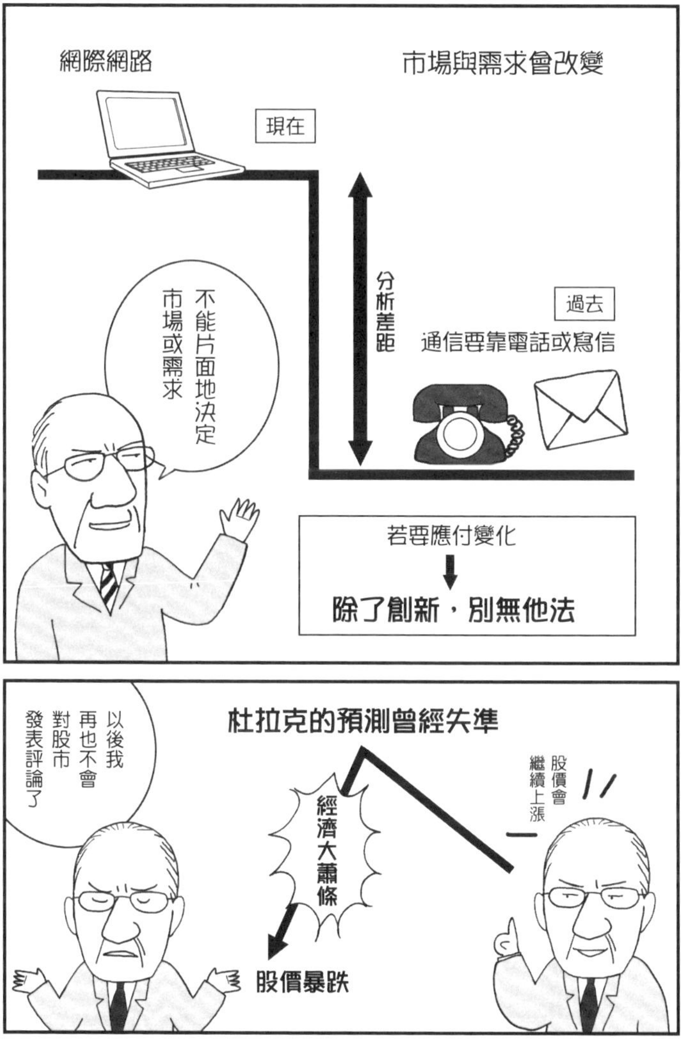


「現在與未來之間的落差」與「理想與現實之間的落差」一直都存在。

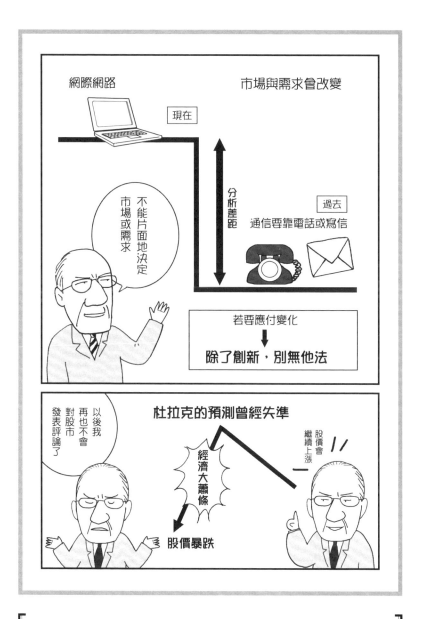

# 「還有幾年的壽命」是謊言

## 許多事物早都該摒棄

◆**組織是不是在花錢「保管遺骸」呢？**

「當我們說某某產品、服務、過程、市場的壽命還剩幾年的時候，其實它早就已經失去生命了。摒棄、停止業務才是正解。」（杜拉克）

「已經失去生命的產品、服務、過程」，在會計上是列為保管的「已提完折舊資產」。換句話說，我們就是在花錢「保管遺骸」。杜拉克對這樣的情況表示譴責。

◆**通用汽車輸人一截的理由**

從前，日本車在美國的汽車市場曾達到三成的市占率。當時，福特汽車與克萊斯勒的市占率都沒有下降，唯有一間汽車公司的市占率下降，那就是通用汽車。

通用汽車會變成這樣，是因為他們沒有放棄大幅度的降價策略。

其實當時的通用汽車應該停止生產兩款汽車，但他們一直都沒有意識到這件事，最後導致市占率減少了兩成。

◆**即便一帆風順，也要「改變」或「放棄」**

我們以飛機餐為例，航空公司減少飛機餐的服務，並不是單純為了節約經費而已。

一直以來，乘客都習慣航空公司提供飛機餐的服務。雖然也有乘客已經不想再使用這項服務，航空公司依然耗費成本提供這項服務。

直到某間航空公司重新思考「飛機餐是否真的有必要」，並且果斷地廢除了這項服務，結果成功地吸引更多乘客搭機，也節省了公司的成本。而這些致力追求降低成本的航空公司，就是我們現在看到的廉價航空公司（LCC）。

最重要的就是我們在面對產品、服務、過程時，**除了要思考是否放棄那些「不順利的事情」，同時還要去思考是否要「改變」或「放棄」那一些「現在順利進行的事物」**。

要摒棄早已喪失生命的事物，才會有全新的開始。

要捨棄早已喪失生命的事物，一切才會有全新的開始。

# 資訊革命今後也會繼續改變世界

## 要去了解「現實」

**「現實」就是已經登場的「未來」。**

### ◆資訊會改變產業結構，也會改變人生

產業結構因為網際網路，而有了翻天覆地的變化。有誰料想到，如今的線上購物會變得如此發達呢？網路以及智慧型手機等智慧裝置的普及，對資訊的流通管道帶來了相當大的影響。在醫院、大學、法律等非營利產業當中，也掀起了「資訊革命」。

現在就連生病的大小事、要到哪間醫院看病、決定將來的出路、結婚的相關事宜，我們也都是透過網路上的資訊，來判斷自己要做出什麼樣的選擇。

現今的網際網路，猶如一名優秀的「**人生導師**」。

### ◆了解當前的「現實」

在美國的家庭中，決定要購買哪一台車的人並不是丈夫，妻子的意見才是關鍵。雖然夫婦兩人會一起到賣場，但通常妻子都已經在網路上決定好要買哪一款車了。這麼一來，傳統賣場裡的頂尖汽車銷售員，就再也沒有用武之地了。

### ◆從軍事到企業，再到資訊革命

從前，電腦最主要的工作是處理數據，負責數據的收集、處理、發送、計算。

但在軍事上，當這些工作都集中在同一個地方時，就會有危險性，萬一大型電腦遭到攻擊，那就麻煩了。於是，串聯起多台電腦的網路便因此誕生了。

另外，網際網路也因為成為退伍軍人的聯絡方式，而有了進一步的發展。以往用於軍事及天文方面的電腦，最後成為了非營利組織與企業所使用的工具。

一般都認為企業將電腦運用於費用的計算。不過，現在的企業甚至也會使用電腦擬定經營戰略、進行決策。這是資訊革命的成果。今後也會繼續改變社會。

社會在改變，人們的欲望與需求也會改變。在這個變化的過程之中，**我們在想的是什麼？又會遇到什麼新煩惱？**這件事應該才是我們更需要關注的。

現實已經改變了。社會在變，人們的欲望與需求也會改變。

# 別家公司做得到的，我們也做得到

## 讓大眾知道公司的卓越性（強項）

### ◆交給活用數據的資訊

如同我們在前一頁所說的，許多數據都可以透過電腦來處理，包括：基礎資訊、人力管理、資金訊息。我們瞬間就能得到想要的數字，只不過，這些數字都不是「本來的資訊」。

醫生掌握「病患的檢查資訊」固然重要，但是外科醫生「要如何進行手術」，則要靠外科醫生的自行判斷。

換句話說，**只有將數據用於「判斷」，才能發揮出它作為「資訊」的功能**。

### ◆「資訊共享」的時代

進入「知識社會」後，對於成果給予評價成為一件難事。如果只是勞力工作者的話，還可以明確地衡量他們做了多少工作。但知識型工作者就不一樣了，例如：我們無法衡量醫事放射師與復健科物理治療師的工作創造了多少的成果。他們經手過的病患人數並不等於工作的成果。

資訊社會是個「共享資訊」的時代。往壞處想，所有的資訊都透過網路在流通，任何數據化的資訊，都能夠給人使用。

知識型工作者的成果可透過「同行成果」比較，進而得知。這樣的方式稱為標竿管理（Benchmarking），是一種「其他公司做得到的事情，我們公司也辦得到」的精神，不光只是單純的「成果判斷」。

企業若具備無遠弗屆的視野，就能跟世界一決勝負。

### ◆要讓世界知道自家公司的專長（優勢）

「要集中在自己的專長上。」（杜拉克）

也就是要具備核心競爭力（Core competence，核心的卓越性）。

企業的目標不能是零散的，必須「選擇與集中」。

**要了解「組織的競爭力」、自己所在的組織的「強項」。倘若能把這些化為「資訊」並向外展現，企業將會變得更加優秀。**

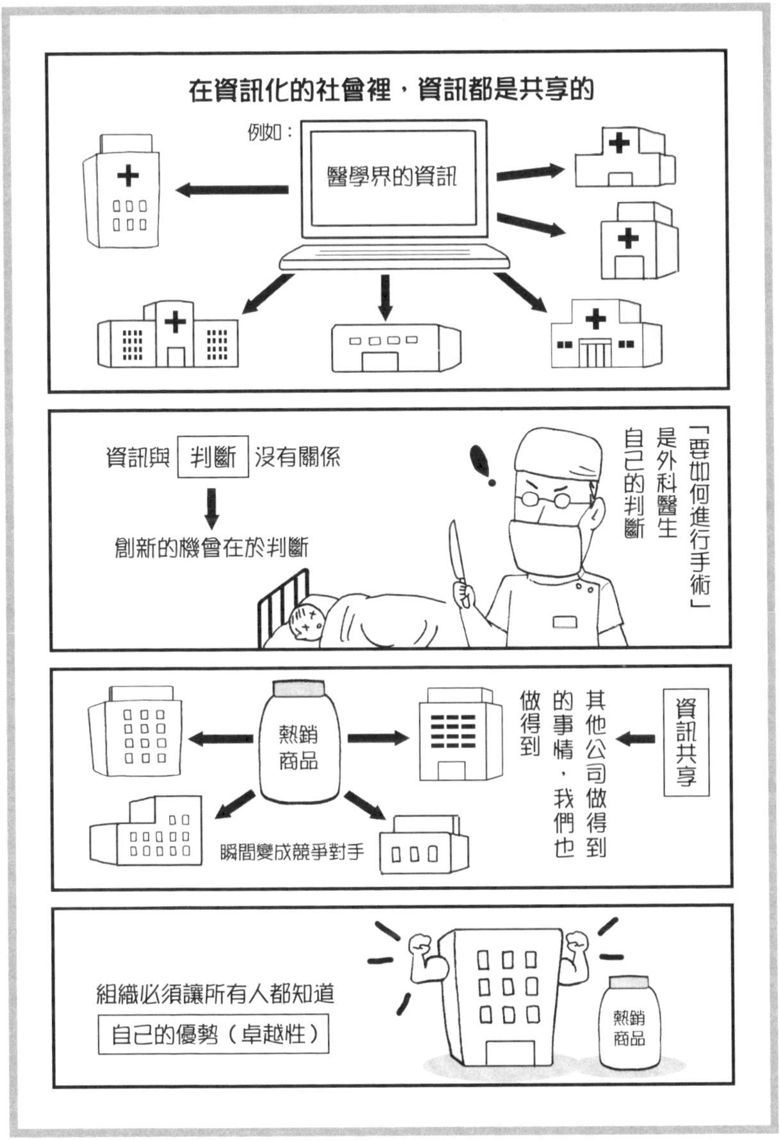


了解「組織的競爭力」與自己所在的組織的「優勢」。若企業能把這些化為「資訊」並傳播出去，將會變得更強大。

# 找出其他領域的利基市場

## 要善於效仿利基市場

### ◆積極模仿與強化卓越性

「與其他組織的對照與研討」，指的是要先深思組織的工作，再與「跟自己做相同的事情並取得成果的組織」進行對照與研討。好的部分就要積極地效仿，也就是進行「**有策略地模仿**」。

「發揮自己的強項」，就是全心專注在自己的專長，並想辦法向外傳達這份資訊。

在資訊社會裡，我們可以輕易獲得其他領域的資訊，也更容易把資訊推廣給不同世界的人。

### ◆利基市場的全新可能性

資訊社會創造出全新的「利基領域」。而**利基市場策略發展自「乏人問津的領域」或「其他領域中超乎想像的技術」**。

杜拉克表示，「醫藥製造商就是最典型的例子」。分子生物學、微生物學、電子工程學等等，原本都是與醫療研究不相干的領域。如今，已經不存在與醫療「不相關的學術領域」。

同樣的情況也發生在汽車製造商與鋼鐵製造廠。現在，其他公司會發生的事情，也有可能發生在自己的公司。

我們都要詳細地確認其他領域發生的事情。

### ◆有價值的資訊就在「沒有關聯性的世界」

美國某間電話公司的內部研究機構——貝爾實驗室發明了電晶體。這間電話公司雖然也使用了這項發明，但將電晶體的用途發揮到極致的企業，則是索尼公司。

一九五三年，杜拉克與索尼公司的盛田昭夫在紐約會面。當時的盛田昭夫已經買下了電晶體的專利。對於索尼公司來說，電晶體就是他們的利基市場。

杜拉克表示：「貝爾把這項有價值的專利廉價地賣給了索尼公司。」

之後，索尼公司確實有了顯著的發展。

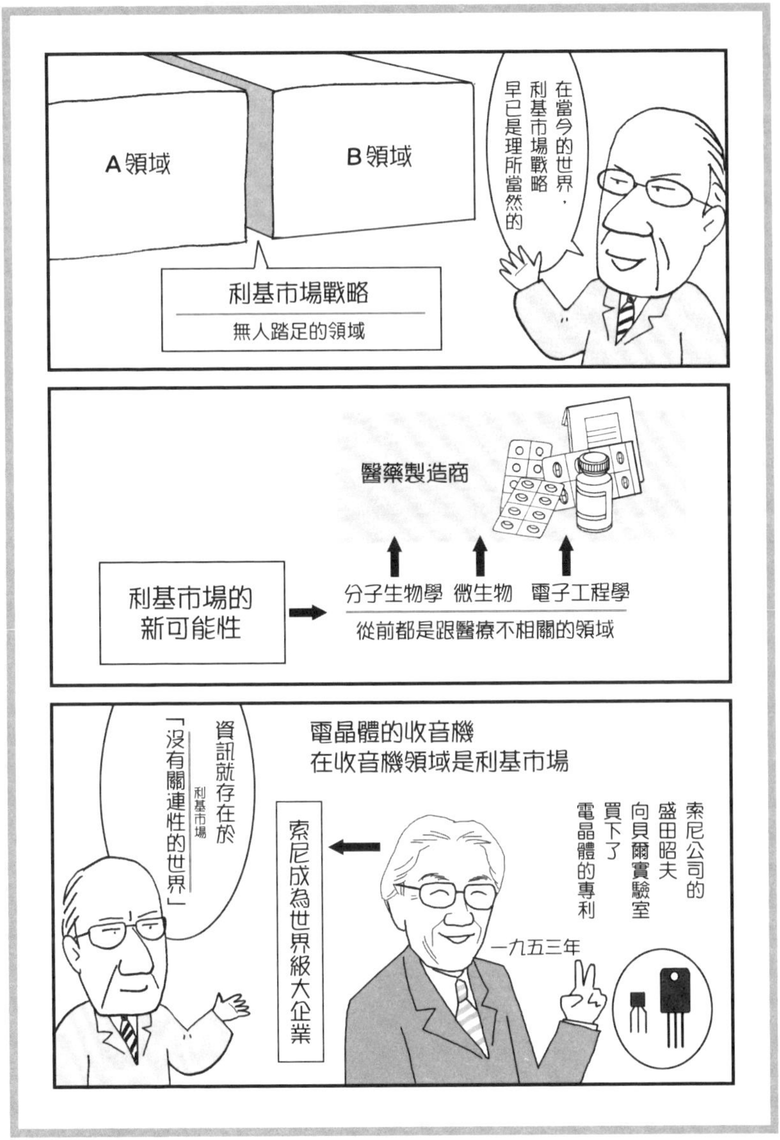


有利組織的事情就要積極地模仿，進行「模仿戰略」。

# 首要之務是吸引顧客，其次才是販售

## 需求是由顧客決定的

◆**需求愈來愈多元**

需求存在於「顧客」的身上。從前的人做生意，只要鎖定有購買力的顧客就足夠了，商品與服務都是由供給的一方來決定。

以前，日本人都是在小鎮上的書店買書，而現在日本最大的書店，則是網路世界裡的亞馬遜網路書店。

在商業的世界裡，存在「帕雷托法則」，也就是所謂的「八十／二十法則」。這個法則告訴我們，有八成的銷售額都是由兩成的商品貢獻的，暢銷商品可以左右整間公司的銷售額。不過，亞馬遜書店卻讓那些在其他店可能會滯銷的商品，貢獻了高達六成的營業額。

亞馬遜不只大量庫存這些銷售額不多的書籍，而且還保持長期供應。這樣的策略稱為「長尾理論」，是網路銷售特有的現象。

◆**想賣的商品卻賣不出去**

「**企業的思維不能只圍繞著自家的產品或服務。顧客才不會輕易購買商人一廂情願推出的產品或服務**。」杜拉克表示，大教會式微的原因，就在於他們不懂得這個道理。

如今，人們向宗教尋求的已不再是「傳教布道」。但是，教會還是習慣對人傳教布道。其實人們想要的是透過宗教獲得「慰藉」與「地方活動」。

◆**首要之務是「吸引顧客」**

Google的首頁非常簡潔，沒有任何的商品廣告。首頁的任務是提高顧客吸引率。「想要購買什麼」本來就是由顧客自己決定的。

歐美企業都非常積極地成為運動活動的贊助商。一般人或許會知道曼徹斯特聯足球俱樂部或國際米蘭足球俱樂部，但基本上不會知道贊助商有哪些。

「**總而言之，就是要吸引顧客。不必想著一定要把東西賣出去。只要有幾萬人有所行動的話，自然就會產生需求**。」（杜拉克）

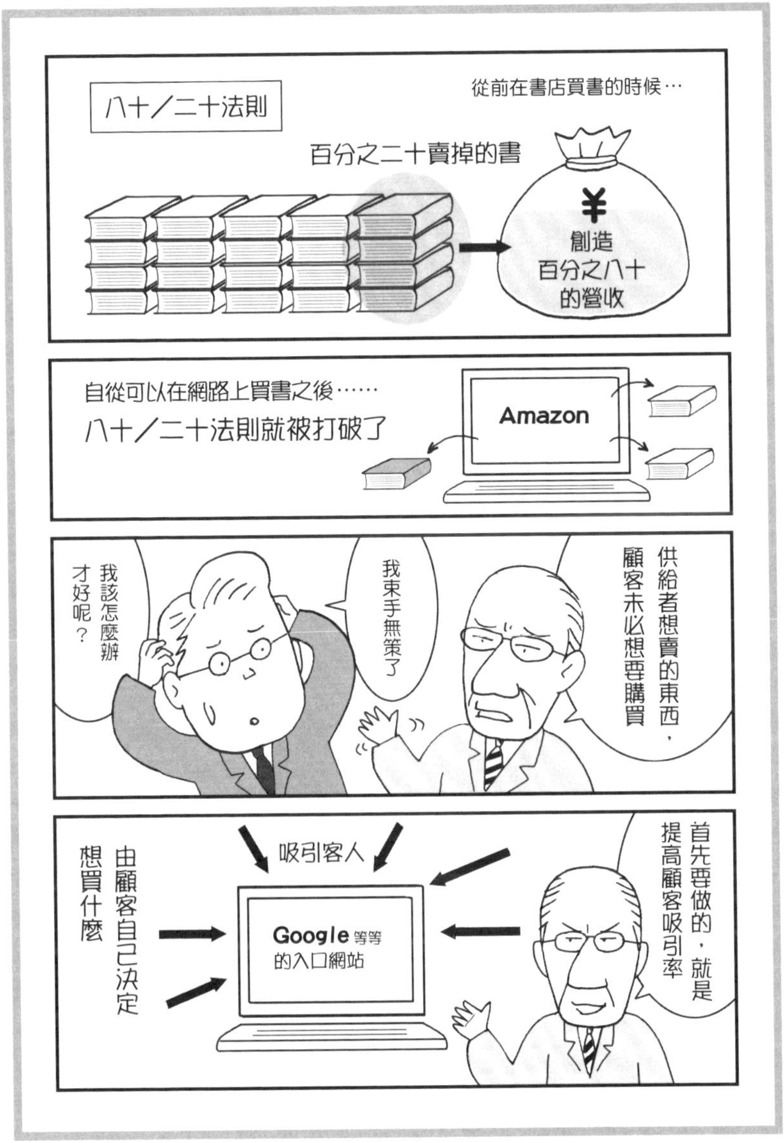


不要以為自己的產品或服務絕對受顧客歡迎。顧客才不會輕易地購買供給方自己想賣的產品或服務。

42

# 市場整合很重要

## 無視市場的多角化經營不可能成功

### ◆造成企業僵化的既得權利

創新容易引起抗議活動。反對的人無法理解何謂「創造性的破壞」，他們只會覺得自己的利益被剝奪，被人搶走了他們的既得權利。這些反對的人都很害怕被人剝奪現在成功的做法、傳統的服務或產品、提前享受或既得的權利等等。

一旦視野變得狹隘，我們就會看不見新的需求或市場。

### ◆通用汽車因為集團化而失敗

從前，通用汽車比福特汽車、克萊斯勒多了三成的成本優勢。通用汽車收購了零件製造商，透過貫徹指揮命令的集團化做法，猶如控制四肢一般指揮著子公司的營運。

誤以為「管理就是下達指揮命令」的通用汽車失去靈活度，導致了二十五年的沒落。

### ◆建立自由關係

有些企業則知道靈活性的重要，而有了飛躍的發展。美國的西爾斯百貨公司與英國的馬莎百貨攜手合作，推動了「建立於合約的集團化」，最後成為了零售業界的龍頭。西爾斯百貨公司串聯起企劃、開發、設計等領域，他們不收購企業，與企業之間只有根據合約建立的「自由關係」，非常靈活有彈性。

### ◆多角化經營不會成功

「多角化經營幾乎沒有順利成功的例子。**基本上只要我們延伸現在做的事，就可以成功**。

西爾斯百貨公司曾推出金融服務的商品，成功地進軍金融服務業。後來，西爾斯百貨公司又進軍汽車販售市場，卻慘遭滑鐵盧。這是因為顧客並不會像購買童鞋或冰箱那樣地購買汽車。

多角化經營也必須重視市場的一致性。」（杜拉克）

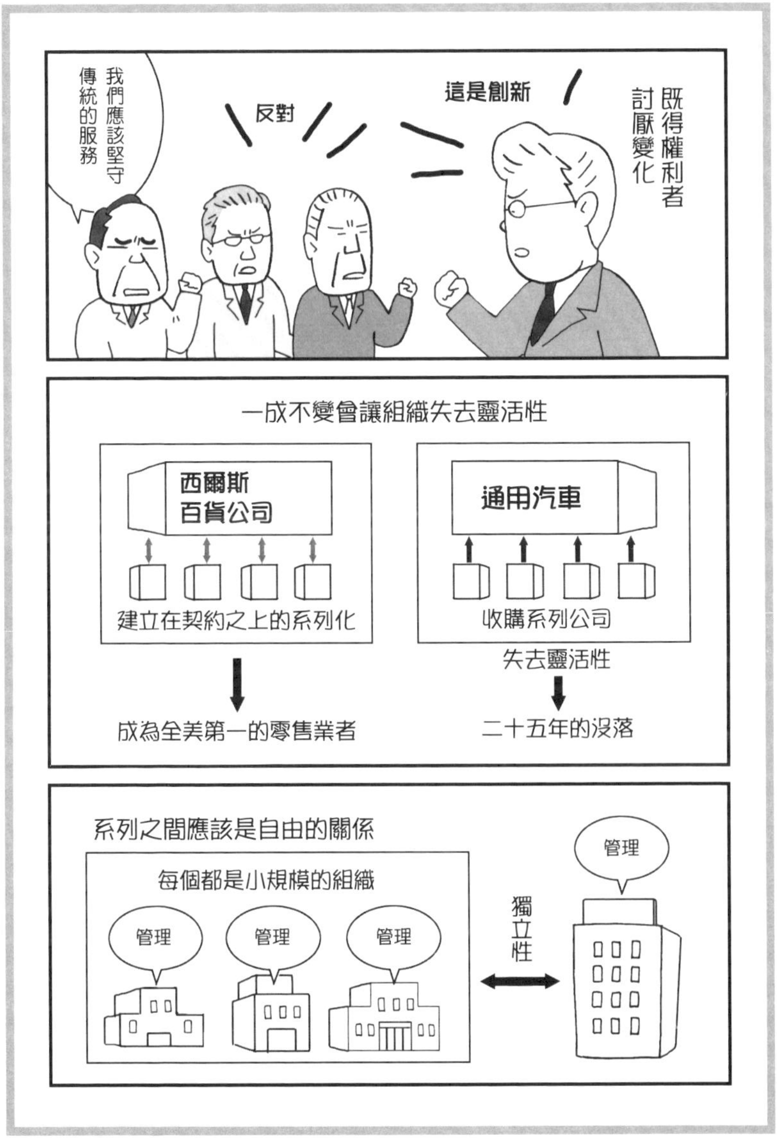


【自由且靈活的關係才有效。既得權利、系列化、多角化經營幾乎都不會順利。】

43

# 引進不同性質的事物

## 別一口氣就拋棄舊事物

### ◆外部委員會推動改革

在日本，有些發生醜聞的大型組織，或是經營不善的大型企業，都會組成外部委員會或專家學者委員會。這些委員會就是所謂的「推動創新的委員會」。

不進行創新，組織就不可能繼續存活下去。曾經日漸式微的羅馬天主教會也因為創新而重獲新生。

一貧如洗的道明會與方濟會推動改革，使羅馬天主教會復興了往日的繁盛，正是因為創新推動委員會發揮了其作用。

任何組織都要將變化視為理所當然，而且還必須主動改變。

### ◆採納不同性質的事物

「有些人誤以為管理存在於組織的內部，所以外部資訊容易被他們排斥在外。但是，**組織內部能夠用來因應的，其實只有成本而已**。」（杜拉克）

組織過於保守的時候，連內部改革都談不上，不採納不同性質的事物，組織就無法進行革新。但這件事實在不容易做到。

因此，組織若要創造出成果，就必須具備管理機構。那就是成立「改革委員會」。

### ◆不要拋棄一切會比較好

杜拉克並不贊成本來做得好好的組織卻「突然摧毀一切」。

即使杜拉克建議企業要「放棄、廢止」，也不認為「破壞性的創新」是一件好事。

「即使認為存在需求，但對於前人不屑一顧的事物，最好還是保持謹慎的態度。**最好別一口氣拋棄一切，免得失敗後一無所有**。首先要做的是小規模的行動，包含：模仿戰略、利基市場策略、展示卓越性等等。」（杜拉克）

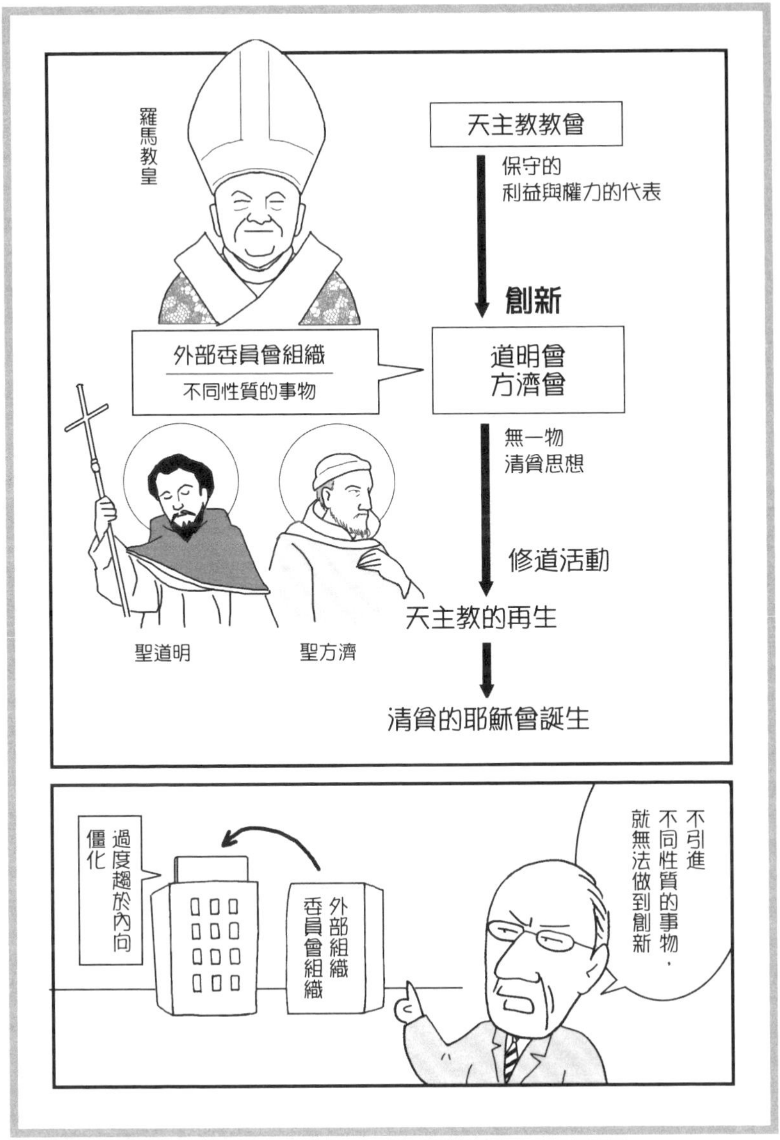


首先要做的，就是推動小規模的行動。

*Column 5*

# 影響杜拉克的人物〈5〉

## 巴克敏斯特・富勒

巴克敏斯特・富勒是美國的建築家，被譽為「現代達文西」。他是思想家，也是設計師、發明家、詩人，是一位十項全能的人物。

「地球太空船」是富勒的著名思想。富勒將他構想的「多面體」與地球重疊結合，提出了「地球太空船」的觀點。

富勒對於多面體頗有研究，他蓋了一座以多面體連接而成的正二十面體建築，外表就像一顆足球一樣。

一九四〇年，杜拉克遇見了當時擔任經濟雜誌《FORTUNE》編輯的富勒，在後來的十年間，兩人也時常碰面。杜拉克認為組織並不是金字塔型的指揮命令，而是像多面體結構（相互影響）一樣的構造。不曉得究竟是富勒影響了杜拉克，還是杜拉克影響了富勒。

二人對於財富的想法也相當地相似。富勒說：「財富並不是指貨幣，而是能維護人類、使人類成長的事物。只要將自己的時間投資在有效的事物上，就能為自己增加財富。」

不過富勒的思想實在是過於新穎，當時的人們都難以理解。富勒獲得了許多榮譽博士學位，但他的建築卻甚少被使用。這實在稱不上好評價。不過，世界上還是有許多的建築物的設計都運用了富勒的構想。

建築師、思想家

巴克敏斯特・富勒
（1895～1983）

# 第6章

# 管理「工作」

# 管理「自己」是必須的

## 要追求至善至美

### ◆我們都是用「這個人能做什麼」來判斷他人

現在的世界已經不再用年紀來判斷一個人的能力，而是看這個人「能做什麼事」。

知識型工作者必須管理自己，讓自己成長，才能對組織有所貢獻。這是一輩子都要做的事，至死方休。

### ◆「追求至善至美」

現在的知識型工作者都能持續工作到超過組織規定的退休年齡。假設我們都是二十二歲進入企業公司工作，然後六十歲的時候退休。而知識型工作者可以一直持續工作到七十五歲、八十歲左右。

大學老師都在六十到六十七歲之間退休，但他們退休以後，還是可以在大學繼續進行研究到七十五歲左右。

杜拉克年輕的時候曾在棉製品貿易商上班，那時的他每個星期都會去看一次歌劇。有一次，杜拉克觀賞的歌劇正好是八十歲的威爾第所創作的《法斯塔夫》。

杜拉克被這部強而有力的歌劇深深地感動。即使威爾第已屆高齡，依然繼續追求更完美的作品，持續地創作歌劇。當時十八歲的杜拉克下定決心踏上鑽研學問的道路，他告訴自己「不能滿足於棉製品貿易商的工作，要去追求更好的自己」。

### ◆「神都在看著」

杜拉克後來又聽聞古希臘雕刻家菲迪亞斯的故事。

菲迪亞斯甚至雕刻品的背面都仔細地一筆一筆雕刻。有人問他：「你為什麼連這些沒人會注意的部分都這麼仔細地雕刻呢？」菲迪亞斯回答：「因為神都在看著。」菲迪亞斯追求完美不為他人，只為自己。

杜拉克在晚年時曾說過：「我還是沒有達到菲迪亞斯的境界。」即使杜拉克當時的年紀早已超過威爾第創作《法斯塔夫》時的高齡（八十歲），他還是一直表示「要寫出更臻於完美的作品」，直到九十五歲壽終正寢。

因為，杜拉克也認為「神都在看著」。

年輕的杜拉克
經常去觀賞歌劇
歌劇作曲家威爾第
在八十歲的時候
創作了《法斯塔夫》
即使白髮皤皤，
還是繼續追求
更完美的作品
我也要追求完美
企業規定退休年齡，
但知識型工作者
依然可以工作到
七、八十歲
我想要寫出
更完美的著作
杜拉克
八十歲

知識型工作者必須管理自己，讓自己持續地成長，才能為組織做出貢獻。

## 要知道自己的優勢

### 回饋分析法的必要性

#### ◆了解自己的強項

杜拉克舉出了「有效的管理者」應該具備的五項資質：

**❶要管理自己的時間**

**❷要了解自己的強項**

**❸要思考自己的優先順位，並讓他人了解這件事**

**❹要對於組織整體的工作狀態負責**

**❺要觀察與了解每個人與對方的工作、資訊**

自己的強項是什麼？

其實我們自己不容易了解這件事。

杜拉克說：「通常我們對於自己的強項都有誤解。」

我們前面也提過要如何去發現自己的強項，那就是「必須進行回饋分析法」。

**要做一件事之前，就要先詳細地把「期待的結果」寫下來。實際付諸行動並得到「實際的成果」以後，再比較「期待的成果」與「實際的成果」。**

這就是回饋分析法。

#### ◆學習的成果比想像中的低

杜拉克學過中世紀史，也學過經濟學、統計學、日本水墨畫等等。但這些都沒有成為杜拉克的強項，他透過回饋分析法進行分析以後，發現自己幾乎一無所獲，讓他感到非常地失望。

但杜拉克卻體會到一件事的重要性，那就是要懂得每一門學問的學習方式。杜拉克有系統地學習各種學問，後來更被譽為「管理學的發明者」，都是因為他學過的這些學問發揮了作用。

#### ◆能挑戰任何事情是一種幸福

從前，農家子弟長大之後也只能務農。

這麼一想，能去挑戰任何事的現代人真的很幸福。

我們說過，自我管理跟管理組織都是一件重要的事。換個角度想，倘若真能做到這一點，我們就有可能做到任何事情。這就是我們所生活的現代社會。

[ 任何事都能去挑戰的現代人真的很幸福。 ]

46

# 強化優勢

## 要知道哪些事是不需要做的

### ◆用回饋分析法去了解自己的強項

我們說過，回饋分析法是分析自己或組織的強項時所使用的方式。

理想與現實。

現在與未來。

回饋分析法有點類似「差距分析法」。差距分析法是比較與分析應有的模樣與現在的模樣之間的落差。

專注在分析得出的「強項」，我們就能夠變得更加強大。這就是強化核心競爭力。

強化的核心競爭力會成為我們的賣點。只要再加強自己不足的知識或技能，我們就能進一步發揮自己的優勢。

### ◆可以改掉「知識的傲慢」

公司裡面一定有些人總是瞧不起其他人的工作。我們稱這樣的情況為「知識的傲慢」。

這種「傲慢」同樣可以透過回饋分析法來改善。我們就會知道自己失敗的原因，大多都是「因為自己並不了解其他人的工作」。

技術人員通常不會曉得會計相關的事務；當會計的人可能也不太懂得歷史和文化藝術相關的事。因為這樣，人才會出現「知識的傲慢」，雙方無法建立溝通，以致失敗。

只要公司內部或組織內部減少這種「知識的傲慢」的情況，兩敗俱傷的情況就會跟著減少。

### ◆了解「不需要做的事」

而且，我們還能進一步地知道「不需要做的事情」。

我們先前也提過，杜拉克曾說：

「醫生的工作是『滿足病患的需求』。但實際上，醫生有一半以上的時間都在做治病以外的事情，包括：製作文件、接聽電話、指導護理師、開會等等。更優秀的人只要用更少的時間去把工作做得更好就行了。」

回饋分析法能讓我們了解「不需要做的事情」。

分析自己或組織的強項，然後集中在分析結果得出的「強項」。這就會成為個人或組織的招牌。

# 要知道自己在工作上與學習上的習慣

## 了解自己屬於哪一種類型

### ◆你是視覺型學習者？還是聽覺型學習者？

學習方式與工作方式也是有個性的。簡單來說，就是看個人屬於「視覺型學習者還是聽覺型學習者」。不可能有人既是視覺型學習者，同時又是聽覺型學習者。

舉例來說：我們在學習新的單字時，有的人是**看著教科書或黑板來學習，有的人則要靠耳朵來學習**。

傳達事情的時候也一樣，有些人會**以紙條傳達**，有的人則是直接**口頭傳達**。

第二次世界大戰的時候，美國前總統艾森豪背下演講稿，發表了一場有名的演說。不過，他在面對記者的口頭提問時，卻無法順利當場回答。因為，艾森豪屬於「視覺型學習者」而不是「聽覺型學習者」。

羅斯福與甘迺迪則與艾森豪相反，他們面對記者的提問時，都能夠對答如流。

杜拉克說：「許多政治家都是優秀的聆聽者。」

根據自己是「視覺型學習者」還是「聽覺型學習者」，在工作上的學習方式也會不一樣。

### ◆動態型學習者

除了視覺型學習者與聽覺型學習者之外，還有一種「動態型學習者」。這類型的人是靠著身體的動作在學習，也就是**「以手寫的方式記憶」**。動態型學習者是為了幫助記憶才動手書寫。

杜拉克頗受英國前首相邱吉爾的影響，因為邱吉爾對於杜拉克寫的《經濟人的終結：極權主義的起源》有相當高的評價。杜拉克從一名經濟記者變成作家，也是因為邱吉爾的影響。

邱吉爾說：「學校的課都很無聊，我是因為寫作才學會許多事情的。」

貝多芬也寫了大量的筆記，都是為了幫助記憶。

不管是邱吉爾還是貝多芬，都是屬於「動態型學習者」。

知道自己屬於哪一種學習類型的人，掌握有效率的學習方式，才是最重要的

# 要知道適合自己的學習方式

## 組織的規模、地位、價值觀等

### ◆「學會工作的方法很重要」

有適合自己學習工作的方式，也有不適合的方式。不過，學校並沒有那麼多時間去細細指導每一位學生，只能採用一視同仁的教育方式，於是才讓學生以為「學習的方式只有一種」。

知道適合自己的學習方式或做事方式，也許比「知道自己的強項」更加重要。

人與人之間的能力差距也不算什麼大事。

能幹的人與做事不得要領的人，之間的差距應該就在於「工作的方式」。

知識型工作者必須了解「適合自己的工作方式以及學習方式」。真正學會了「適合自己的工作方式以及學習方式」的人，都可以獲得成果。

回饋分析法能讓我們發現自己的「學習方式」以及「工作方式」哪裡有錯。**即使工作的經驗有差別，只要知道自己的「強項」以及適合自己的「工作方式」，還是可以創造成果。**

### ◆各式各樣的組織、人才與方式

組織裡面有各式各樣的人，有人負責創造成果，有人適合當領導者，有人適合擔任顧問或智囊團的角色，有的人則適合擔任指導角色。

有的人適合在大型組織裡，有的人則適合待在小組織。

第二次世界大戰時，美國的參謀總長馬歇爾是一位人事上的天才，看人的眼光奇準無比。當時，坦克部隊的巴頓將軍深受國民愛戴，是一位英雄人物。馬歇爾卻評論：「巴頓將軍是最厲害的軍人，卻會是一位無能的司令官。」

後來巴頓將軍一生都未曾當上司令官。

有些人能夠當個優秀出色的副手，但一旦到達最高的位置，反而做得一塌糊塗。有人在緊張與壓力的狀態下反而可以把工作做好，有人則是無法扛起決策的責任以及承受巨大的壓力。

這是在用人的時候必須先思考的問題。

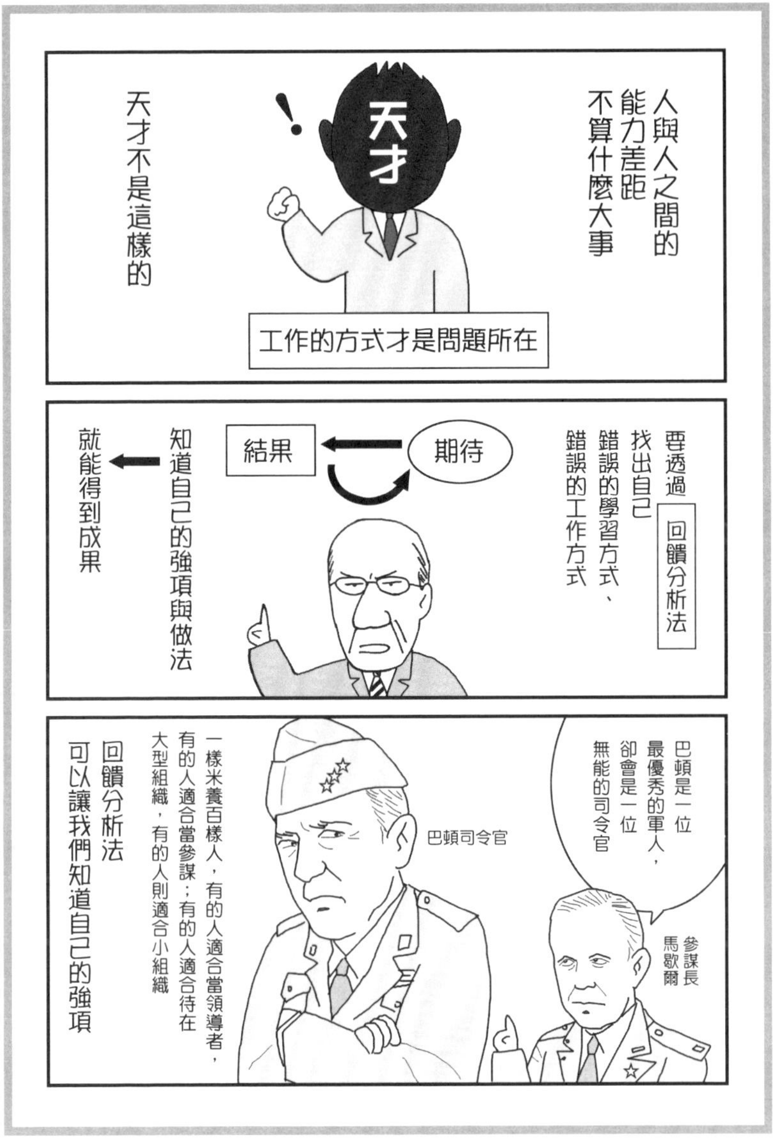


即使工作的經驗有差別，只要知道自己的「強項」以及適合自己的「工作方式」，還是可以在工作上拿出成果。

# 思考為何要工作

## 「一手胡蘿蔔、一手鞭子」已經不管用

### ◆打破X理論與Y理論

馬格里格是美國的心理學家與經營管理學家，他提出了X理論與Y理論。

X理論指「人類都是懶惰鬼，放任不管就會偷懶，所以必須強制叫他們工作」；Y理論指「人類都是透過工作追求自我實現與責任」。

X理論將人類當成了小孩，Y理論則將人類當成大人看待。

心理學家馬斯洛感嘆：「世上有精力充沛的人，也有偷懶懈怠的人。但怎麼會有如此多的人都成長不了呢？」

「先進社會再也不需要X理論這種恩威並施的做法。工商心理學有許多信奉創造性、責任、人格、自我實現等Y理論的人。我們需要新的心理學要素。」（杜拉克）

杜拉克並沒有否定心理學家的意見。

他甚至勸誡管理學的信奉者，表示「只有管理才是正解，Y理論或工商心理學都是幼稚的」的想法「才是傲慢又愚蠢的假設」。

### ◆工作者的價值觀與組織的價值觀

杜拉克用以下這則故事，當作「工作者與組織的價值觀是否一致」的例子。

「二十世紀初，一位老實的德國大使被派駐英國。有一次，這位大使要接待當時的英國國王愛德華七世。愛德華七世是個好色之徒，他向這位大使提出『用完甜點後，就關掉會場的燈，然後讓十個應召女郎從漂亮的蛋糕裡面跳出來』的要求。最後這位德國大使（以不願擔任這樣的主辦為由）提出了請辭。」

**「組織的價值觀」與「工作者的價值觀」是否一致，是非常重大的問題**。因為這會嚴重地影響到我們「為何要工作」的「理由」，以及工作上的成果。

領導者都應該留心這件事。

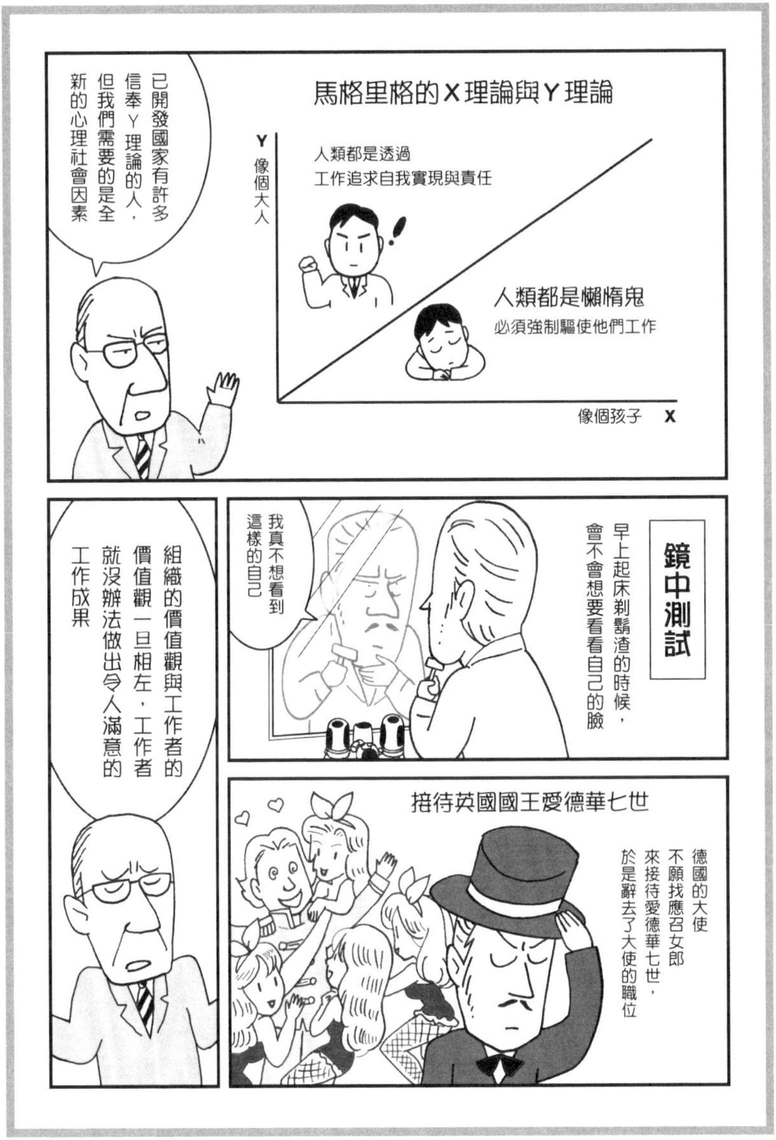


「組織的價值觀」與「工作者的價值觀」是否一致，是個非常重大的問題。

50

# 慢慢地開發人的潛能

## 別再把人的「短處」當成成本

### ◆人才是最大的資產

「人類很脆弱，而且脆弱到令人覺得可悲。人類會製造問題，還必須按照步驟做事，做瑣碎之事。不過，**雇用人力就是為了『將人的強項與生產結合』。人才是組織最大的資產**。組織的差異，只在於人的做事差別而已。」（杜拉克）

組織動不動就把人當成「問題的來源、瑣碎之事、費用、威脅」，**往往容易忘了開發人類潛能**的重要性。

### ◆人事只要決定人員與工作的配置即可

新的人事管理方式只要決定好「**要把誰放在哪個位置、誰跟誰搭配，才可以創造出更大的成果**」就行了。

在江戶時代的日本，商店都會雇用小學徒，而店家的掌櫃則會仔細地教導他們工作。小學徒慢慢地從「小僧」或「丁稚」的身分，做到店裡的伙計「手代」，再成為實習掌櫃，最後自立門戶成為獨當一面的店主。從前的日本就是這樣培育人才，這項制度一直持續到第二次世界大戰。

杜拉克非常讚賞這項制度，他說：「讓人在年少時就參與決策，是很有效果的人才培育方式。」

企業都是追求短期可見的業績，而從前的學徒制則是考慮到長久的利益。

### ◆平衡很重要

一般來說，美國企業經營多屬於短期主義，日本企業經營則屬於長期主義。但企業需要兩者兼具，不論缺少哪一方，都會造成麻煩，取得平衡是一件要緊的事。

長久以來，美國的資本成本都落在百分之十五至十八之間，如此一來，便無法避免短期主義的經營方式。美國的企業可以說是沒有任何的長期項目，經營者都被要求在一、兩年之內拿出成果。而日本企業的資本成本遠低於美國企業，因此較容易做長期規劃。

不過，日本企業近來也愈偏向短期主義。這究竟是不是一件好事，我們都必須去思考才行。

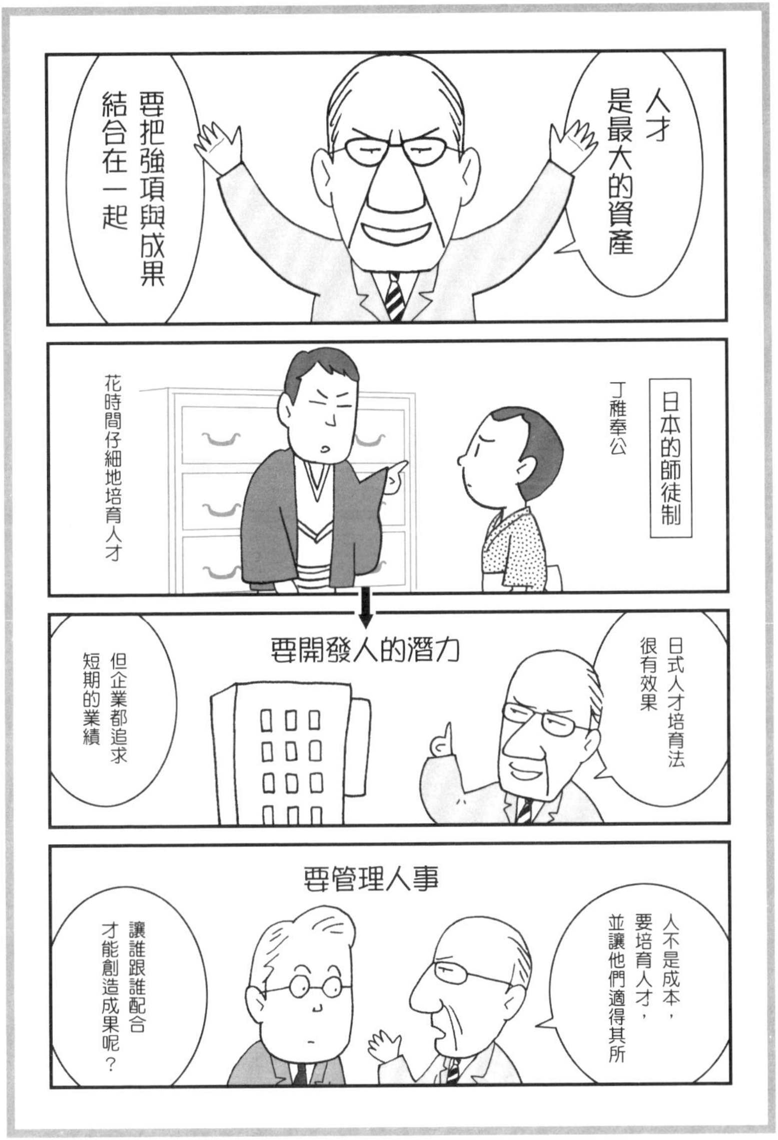


[ 要把誰放在哪個位置、誰跟誰搭配，才可以創造出更大的成果？ ]

51

# 管理跟你一起工作的人

## 同事、主管、部下

### ◆對於同事的管理

天才藝術家、冒險者、發揮特殊技能的人，都是獨自一人完成工作。不過，通常大部分的人還是得跟他人共事。正因為這樣，「管理」一起工作的人也是有其必要的。不必把這件事想得太難，用管理自己的那套方式去思考就行了。

「**他的強項是什麼？**」

「**他會用什麼方式來工作？**」

（他是聽覺型學習者還是視覺型學習者？擅長在大型集團擔任助手嗎？）

「**他的價值觀是什麼？**」

（他是為了錢才工作？是個重視倫理觀念的人嗎？）

只要了解對方的「強項」、「工作的方式」與「價值觀」，我們就會知道應該怎麼與共事者溝通。這樣一來，就能減少自己出現臆斷「這個人真是無能」的「輕蔑態度」。

### ◆對於上司跟部下的管理也是一樣的

「**讓上司拿出成果也是部下的責任。**」（杜拉克）

杜拉克說：「上司身為上司，只要讓他們在組織內部創造成果就行了。上司創造出成果，就等於創造出組織的成果。」

以管理的角度來思考，部下也是一樣的。

世上有各式各樣的人，但幾乎沒有能力之差。

### ◆人際關係的維繫時間很短

在現代社會，終身僱用的人已經不多了，人際關係的維繫時間也縮短了。「**在這短短的時間裡，我要如何去應對上下關係？只有認真思考過這件事的人，才能成長為領導者**」。

在這短短的時間裡，要如何去應對上下關係？只有認真思考過這件事的人，才能成長為一位領導者。

Column 6

# 影響杜拉克的人物〈6〉

## 馬文．鮑爾

一九五〇年，四十歲的杜拉克成為通用電氣的顧問，並與同樣身為顧問的馬文．鮑爾成為莫逆之交。

鮑爾在一九〇三年出生於美國的中西部地區，進入布朗大學與哈佛商學院就讀，一九三三年進入麥肯錫公司。

鮑爾成為麥肯錫公司的董事長兼總裁，為麥肯錫公司打下基礎。寫下古典名著《經營的本質》（The Will to Manage）的鮑爾於二〇〇三年逝世。

鮑爾曾問杜拉克：「你要不要來麥肯錫公司？」

但杜拉克覺得「單槍匹馬」工作比較有效率，故拒絕了鮑爾的邀請。

麥肯錫公司於一九二六年創立，現今已是全球最強大的智庫之一。

麥肯錫式的思考方式雖屬於正統派，卻可以說是解決問題所需的技能知識。麥肯錫式的思考不標新立異，是普羅大眾都能使用的方式。就連鮑爾也一直說：「我們要考慮的唯有顧客。」

麥肯錫公司在提出報告或調查之前，都會不屈不撓地進行實地調查。這份態度也深深地影響了杜拉克。

經營顧問

馬文・鮑爾
（1903~2003）

# 第7章

# 管理者真正應該做的事情

52

# 管理者要對成果負起責任

## 重要的是溝通

◆管理者要扛起成敗責任

不論是社長、部長，還是課長，通通都是管理者。進行管理、分析、研究、改善，並取得「組織的成果」，是管理者要負起責任的事。

**管理者要扛起「成敗」的責任**。

各部門的助理（助手）與祕書所做的工作，對於事業方向、資金或服務也都有決定性的影響。但是，這些助理與祕書並不用「對業務成果負責」。這一點是最大的差別。

◆「公司內部的翻譯」是必要的

公司裡面有所謂的「專家」，也就是研究人員與技術人員。他們的能力會影響到整體的成果。

管理者必須去理解這些專家「要說什麼」、「想做什麼」。

這些專家講話時習慣使用專業術語。管理者要做的第一件事情，就是進行「公司內部的翻譯」。

主管或管理者的工作，是把專業人員的話翻譯給高層或同事聽，並把同事要表達的事翻譯給專業人員聽，為公司內部建立溝通。擔任雙方的「口譯」是管理者的重要任務。

**管理者必須熟練地讓專業人員輸出他們的知識與技術，以創造出整體成果**。

◆最高管理者是終極的溝通負責人

「功能與地位」原本就是兩回事。

軍隊裡，有時就算是不具備指揮官能力的人，一樣可以升上高位；有時即使是優秀的作戰參謀，也無法名正言順地指揮作戰。

在這種情況下，由最高管理者擔任指揮官與參謀的整合角色，組織便可以順利地運作。與其稱之為最高管理者，更適合稱為溝通負責人。在組織當中，溝通就是一件如此重要的大事。

管理者必須懂得讓專業人員發揮專長，讓他們的知識與技術發揮在組織整體的成果。

53

# 管理者是交響樂團的指揮

## 必須肩負的職責以及重要的任務

### ◆統合空間與時間

管理者有兩件任務。

那就是負責「空間的統合」與「時間的統合」。

「管理者是交響樂團的指揮。」（杜拉克）

**讓每一位團員（演奏者）做出更好的成果**是指揮的工作。換成公司的情況來說，管理者應該要做的事情，就是創造出大於一切投入資源總合的成果。管理者必須統合業務的管理、人與工作的管理、社會責任的管理。

犧牲了任何一部分，整體的演奏成果就會變差。指揮者必須聽得出所有團員演奏的聲音，解決團員演奏不好的部分。組織的管理者要做的事情也是一樣。

管理者還有另一件任務，那就是**「協調現在與未來」**，也就是「現在就需必須做的事與未來必須做的事」。不論犧牲哪一方，都會讓組織陷入危機。

### ◆五件重要的工作

根據杜拉克的觀點，管理者有以下五件重要的工作。

**❶ 設定目標**
**❷ 建立組織**
**❸ 賦予動機與溝通**
**❹ 檢測評價**
**❺ 開發人才**

管理者有時必須分別進行這「五件重要的工作」，有時又必須將其統整起來。

從前的管理者大多是擅長跟數字打交道的人，現在的管理者大多為人溫和又有聲望。

不過，就算擅長跟數字打交道，就算再有聲望，那都與管理者的資質沒有關係。真正能夠做到這五件事情的人，才是所謂的管理者。

管理者的任務有兩個，即「空間的整合」與「時間的整合」。

# 頂尖的工作規劃

## 偶爾全部交給他人代勞也無妨

### ◆全權交辦也是一種管理方式

規劃職務是一件困難的事情。而最好的辦法，也許就是「全權交辦」給中階管理者。從前英國之所以成功統治印度，就是因為印度總督府相當有手腕。「全權交辦」也是一種管理方式。

### ◆「高階管理者的六大禁忌」

對高階管理者來說，最難的工作就是任務分配，以下六點是管理者要注意的事項：

❶**不可將職務劃分過細**。計畫得太小，該做的事情一下子就會結束了。

❷**別只是當個副手**。要建立起能夠主動為組織貢獻的地位。

❸**別搶部下的工作做**。管理者本來就有自己的事情要做，卻把自己的事情丟給其他人，讓自己閒得發慌，最後才去搶部下的工作來做，這樣是最差勁的管理。

❹**自己的工作要在能力許可的範圍內進行**。開會的同時還進行其他工作，是不可能辦到的。

❺**別另設多餘的職位**。頭銜與地位代表責任。隨便設置不必要的職位會干擾組織的運作。

❻**別讓部下做危險的工作**。這樣的工作本來就應該要果斷地放棄。

### ◆先從最基本的事做起

管理者不必勉強，先做好基本的承續工作。**管理者的基本在於「延續」**。首先要做的，就是好好地延續前任管理者交接的工作。

管理者的地位取決於與上司、部下、同僚的關係。首先得先重視與他人之間的關係。

管理者要把工作適當地分配給成員，也要讓組織內部的資訊的流通保持順暢。穩紮穩打地做好這些基本的事才是最重要的。

第7章
管理者真正應該做的事情

高階管理者的六大禁忌
1 不可將職務劃分過細
2 不能只是當個副手
3 不可把部下的工作攬過來做
4 不可太過忙碌
5 不要設置多餘的職位
6 不要讓部下做危險的工作

全權委託也是一種管理
把一切交給中階管理者
英國能夠順利統治印度，是因為印度總督（中階管理者）很有手腕

【管理者的基本在於「延續」。要把工作適當地分配給組織的成員，也要讓組織內部的資訊保持順利流通，把基礎打好。】

55

# 別搞錯「能力開發」與「組織構成」

## 正確的管理做法

### ◆關於「能力開發」的誤解

人都希望可以開發與提升自己的「管理能力」。這時，最容易犯的錯誤有三個：

❶不要過度仰賴講座。例如：開發管理能力的講座。組織外部的講座幾乎不可能符合組織內部或個人的需求，懂得**自我啟發才更重要**。

❷管理並不是尋找人才。**別去追求精英型與天才型的人才**。半數的菁英過了四十歲以後，就只剩一張能言善道的嘴。

❸管理不是改變人的性格，也不是改造他人。管理者對他人的性格說三道四，是濫用管理者的權力。管理應該是**讓人充分地發揮「個人強項」**。

### ◆別弄錯「組織的結構」

高層的正確管理方式有四個：

❶**不可把提升技術當成目標**。專業技術愈來愈進步，大多的技術人員都接受過專業的訓練，例如：醫事放射師、物理治療師等等。不過，提升技術本身並不能成為工作的目的，目的是為了協助病患的診斷與治療。

❷**不可階級化**。建立組織的架構是為了創造工作成果。組織形成上司與部下的結構，是為了創造成果。人員的晉升也是為了工作之便。組織的存在不是為了讓人樹功揚名。

❸**組織的階層不可分離**。上下之間的溝通很重要，管理者必須致力於建立彼此的共通語言與相互理解。

❹報酬具有各種涵義，不同的組織或社會，就會有不同的報酬涵義。報酬不光是公平、正義的，有時還帶有情緒性。**即使將報酬制度體系化，也是徒勞無功**。就某種意義而言，報酬是「妥協的產物」。

管理是使人發揮 個人強項

1 不要倚賴能力開發講座

2 管理不是尋找人才

3 對於他人的性格說三道四，是濫用管理之權

〔不要把提昇技術當作目標、不要形成階級、不要分離階層、不要把報酬制度體系化（別過度體系化）。〕

# 全體一致同意的話，就不要做決定

## 厲害的決策方式

### ◆決策的類型分為兩種

決策分為「引導型」與「共識型」。

引導型的決策將重點放在獲得答案，而開會就是為了獲得答案。引導型決策常見於歐美社會。

協議型的決策是透過「共識（consensus）」來進行。比起問題本身，協議型決策更重視獲得回答的過程。協議型決策常見於日本。

日美之間若要簽訂授權合約，美國方面通常只會派出一名代表，而日本則會派出一個代表團。這對美國人而言是一件很不可思議的事，但對於日本人來說，這代表了他們重視簽約的態度。

而日本人在達到「共識（consensus）」之後，還是會交由「適任者」一手操辦。

### ◆共識型決策的好處

**❶ 可以讓問題更明確**

**❷ 容易聽到反對的意見**

**❸ 容易聽到不同的意見**

**❹ 可以決定要交給誰一手負責**

**❺ 決策包含方法論**

共識型的決策通常是從多數人的意見出發，且決策也少有失誤。

### ◆「全體意見一致時，就不要做決定」（杜拉克）

做決策本來就不可能在全體意見一致時進行。進行決策可以讓相反的意見有激烈的交鋒，從而得到替代方案；也可以讓不同的意見進行對話，讓大家發現錯誤或不足的部分。

斯隆在通用汽車大幅成長的時期擔任總裁，他一定會先在會議上詢問：「有沒有人反對這項議題？」假如沒有任何反對意見的話，他就會暫緩決議。

「**有相反意見或不同觀點的衝突，才能做出正確的決定。當全體的意見都一致的時候，就不應該做出決策。**」（杜拉克）

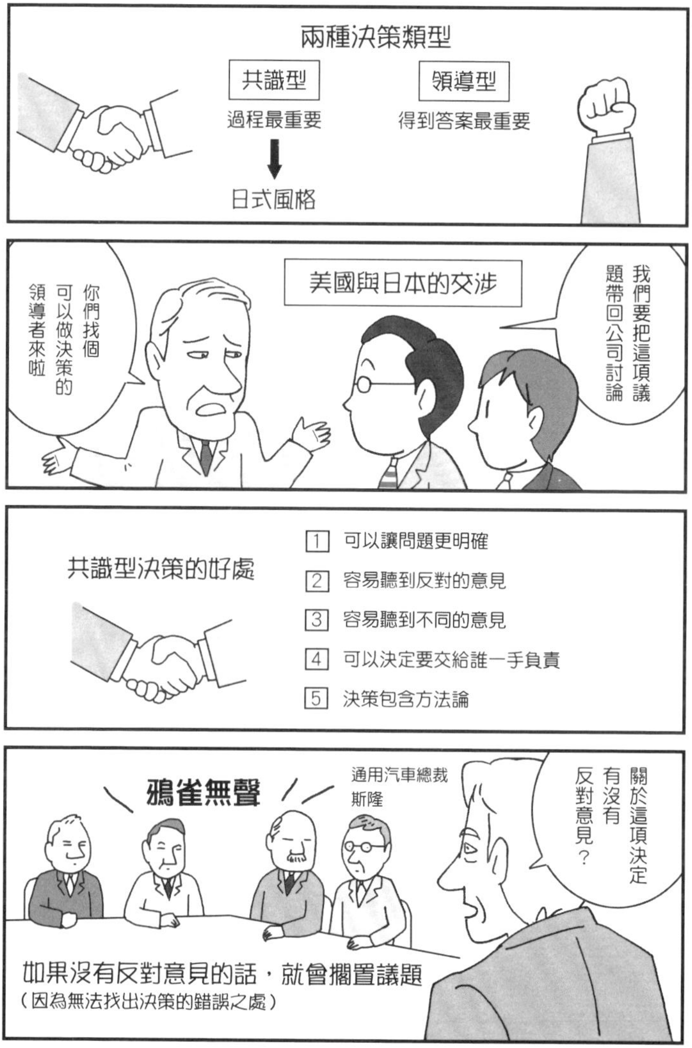

[ 有相反意見或不同觀點的衝突，才能做出正確的決定。當全體的意見都一致的時候，就不應該做出決定。 ]

# 花時間進行決策

## 「什麼是重要的」才是問題所在

### ◆做決策當然要花時間

做出可以創造成果的決策是有訣竅的。

**❶ 要專注在重要的事情**

我們必須要做的是思考根本的問題，而不是一個一個去想每個問題。一九六〇年代，美國曾發生沙利竇邁藥害畸形兒事件。這起事件的原因很複雜，而發生的機率為一百億分之一。像在處理這樣複雜棘手的問題時，我們就必須集中在能夠解決的問題上。畢竟要一網打盡找出所有的原因幾乎是不可能的事情。

**❷ 不要拘泥於形式，要重視影響**

必須分清楚「正確的妥協」與「錯誤的妥協」。不必智足多謀，穩妥可靠才是最重要的。

**❸ 進行決策當然需要花時間**

不要急著下決定。充分研究討論後再下決定，就可以快速擬定好行動計畫（進度表），實行起來也會很快。

### ◆思考何時「檢討」

在做決策的時候，了解有哪些必要條件是很重要的一件事。

也就是想清楚「**我應該要滿足什麼**」、「**決策的目的是什麼**」、「**目標的底限在哪裡**」。想要弄清楚所有的必要條件，並不是一件簡單的事情。

錯誤的目標也許很容易達成。

我們必須決定好什麼時候重新檢討那些危險或錯誤的決定。

一九六一年，美國總統甘迺迪決定進攻古巴。這項決定的必要條件是「卡斯楚被推翻」，而且「不得讓人覺得美國干涉他國內政」。

甘迺迪一直認為「只要古巴的游擊隊武裝起義推翻卡斯楚，美國再趁機進攻古巴就行了」。

不過，這兩項必要條件成立的可能性是零，甘迺迪做的這個決策也成為毫無意義的決策範本。

弄清楚「我應該要滿足什麼」、「決策的目的是什麼」、「目標的底限在哪裡」才是最重要的事。

# 不需要領袖魅力

## 必須具備的是身為人的真誠

### ◆領導能力是平凡無趣的

領導能力並不需要領袖魅力。而且，領導能力並不神祕，而是一項「平凡且無趣」的能力。不必去羨慕別人的領導能力，領導能力是一種行動、一種手段。

從前，歷史上出現過好幾個具有領袖魅力的人，如：史達林、毛澤東、希特勒等等，而且他們也都受人們愛戴，卻做出史無前例的惡行，帶給人類前所未有的苦痛。林肯與邱吉爾有領導能力而無領袖魅力，卻對於社會有莫大的貢獻。

領導者的身上不存在共通的特質或資質。杜拉克強調領導者要具備的是「**真誠的為人**」。

### ◆明確地將組織的使命具體化的行動

**領導能力是明確地將組織使命具體化的行動**。領導者要把組織的目標實體化，決定好目標、優先順位、目標的基準，然後維持。領導者有時也要做出妥協。

妥協是否符合組織的使命與目的，其中的基準拿捏也是領導者的工作。

**領導能力代表的不是地位或權力，而是「責任」**。領導者要把工作分配給部下，部下做得好就要予以讚賞；要是失敗了，就要一肩扛起最終責任。

### ◆值得信賴不代表受人喜歡

領導者給人的信賴感，根本在於「真誠」。換個簡單一點的說法，就是**言行一致**。

某間大型銀行的人資部門的員工曾向杜拉克表示：「這樣不就跟上個世代的經營者的條件沒兩樣？」

杜拉克回答：

「你說的沒錯，領導者運用領導能力帶領集團前往更好的方向，為此真心實意地採取行動。這並不高深莫測，而是平凡又無趣。」

領導者給人的信賴感，根本在於「真誠」。換個簡單一點的說法，就是言行一致。

59

# 善待每一分、每一秒

## 統整你的「瑣碎時間」

### ◆優秀的時間管理

「領導者更要懂得管理時間」。不過，很少人真的按著規劃執行。

好的時間管理有三個基本的重點，分別是：❶紀錄自己如何運用時間、❷管理（分析）自己如何運用時間、❸整合零碎的時間。

時間無法進行買賣或出借，也無法儲蓄或標價。我們對於時間的需求甚大，卻沒有人能夠供應。

❶記錄自己如何運用時間，就可以知道自己多麼浪費時間。

❷管理（分析）自己如何運用時間，就可以知道自己「多麼無視時間運用的優先順位，以致耗費多少時間在沒有成果的事情上」。

❸整合零碎的時間「可以創造出專注於工作的時間」。

**「管理的真諦是自我管理，而自我管理的第一步就是管理時間。」**（杜拉克）

### ◆要珍惜時間

杜拉克說：「要好好珍惜時間。」

**懂得珍惜時間的人會以「優先順位」與「重要順位」來檢驗自己投入工作的時間，並且確認成果。**

這裡要特別注意的是知識型工作者。知識型工作者無法像勞力型工作者一樣，計算出實際做了多少工作，因此無法判斷他們是不是圓滿地完成了工作。

「不要開會，要對話。」（杜拉克）

開會時若是拖拖拉拉而且還沒有結論，主持會議的人就要負最大的責任。因為，這就像是把所有人的寶貴時間通通丟進水溝裡。

管理者與上司、知識型工作者好好對話是很重要的事。管理者若不與知識型工作者對話，會使知識型工作者失去工作的熱忱。

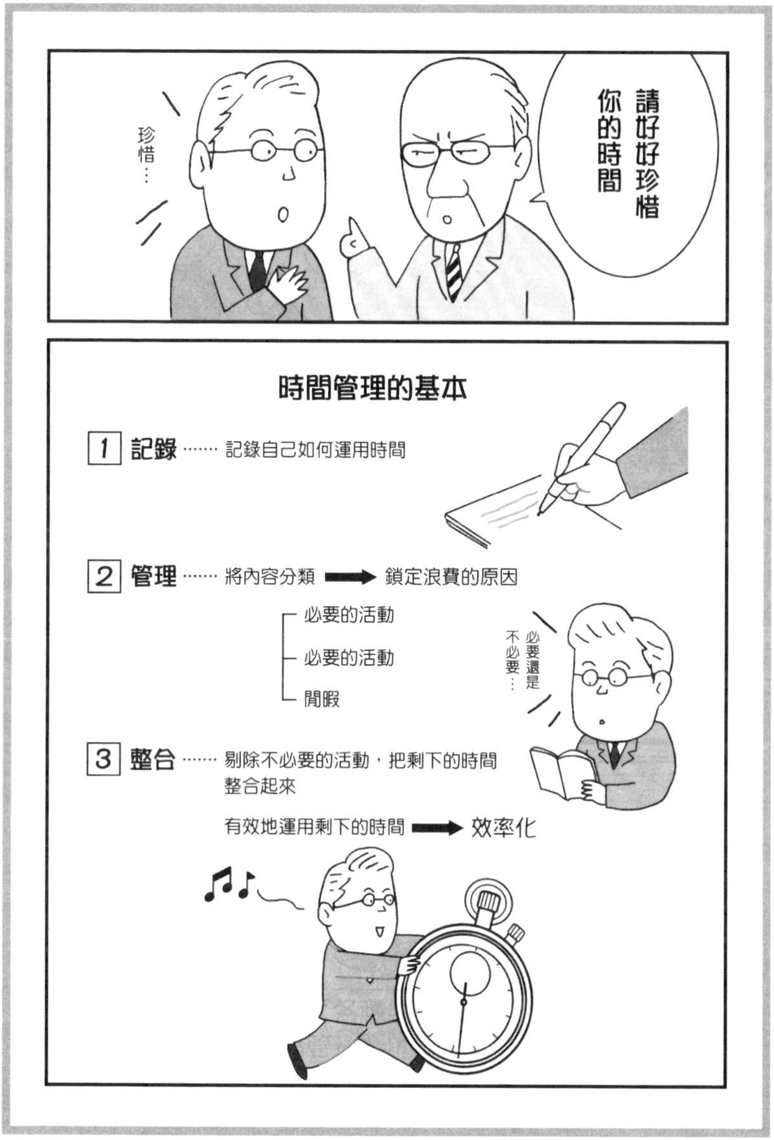


[ 管理的真諦是自我管理，而自我管理的第一步就是管理時間。 ]

Column 7

# 影響杜拉克的人物〈7〉

## 凱因斯

一九三四年左右，杜拉克在英國的弗里德曼公司擔任「證券分析師」與「報告撰稿者」等職務。杜拉克一邊工作，一邊在劍橋大學上課，下課後也會到劇場欣賞一名俄羅斯的芭蕾舞者的表演，而這位芭蕾舞者正是凱因斯的太太。

一九二九年，紐約股市的股價暴跌，當時的杜拉克已是一名經濟記者。由於股價暴跌，工廠接連倒閉，失業人數也節節攀升。古典經濟學派認為「不必要的出手是無謂的作法」、「市場的事情就交給市場解決」，對於這樣的情況袖手旁觀，這就是所謂的「不干涉主義（laissez-faire，市場開放）」。

然而，最後還是演變成全球經濟大蕭條。各國再怎麼開放市場，商品還是完全賣不掉，路上隨處可見失業的人。古典經濟學派的理論似乎完全不管用。

面對這樣的經濟衰退，有效的解決辦法就是「凱因斯理論」。

凱因斯提倡「有需求才能創造供給」。需求來自於「消費與投資」，當經濟不景氣的時候，一般的消費與企業的投資都會冷卻，只剩公共投資還在繼續進行。一個國家的經濟規模決定於「社會總需求」，國家就算再怎麼增加供給，需求還是不會變多。成為經濟原動力的需求稱為「有效需求」，而這個有效需求就是「國民生產毛額」。

美國的羅斯福總統最後便根據凱因斯理論，推行羅斯福新政。

經濟學者

約翰・梅納德・凱因斯
（1883~1946）

第8章

# 今後的時代將會如何？

60

# 高齡少子化是已開發國家的共同問題

## 未來不可能預測

### ◆生產勞動力的減少是不可避免的趨勢

全球都面臨劇烈的變動。

「**預測未來的變數與風險都太大了，我們不可能做得到**。」（杜拉克）

杜拉克說：「**我們要去探索正在進行的未來，要去看看本業的外部變化**。」

「出生率的變化對於今後的世界而言，是一項最重要的現實。」（杜拉克）

人口減少問題是人類史無前例的經驗。不論是歐洲還是日本，人口減少的問題都一發不可收拾。全球的總生育率已經低於維持人口數量的2·1，日本的總生育率為1·34（二〇二〇年），就連致力於兒童福利與兒童照顧的北歐，總生育率也低於1·5。

美國是因為來自各國的移民為生育率做出不少貢獻，才得以將總生育率維持在1·7。即使是美國，也是高齡族群的人口在增加，生產勞動力的減少是不可避免的。

### ◆切換至「因應人口減少的戰略」

許多企業在制訂經營戰略時都是以人口增加為前提，並且獲得成功。但是，青壯年人口的減少以及高齡化的問題正迅速地浮上檯面。即使如此，那些老派的政治人物還是想做大規模的公共投資；即使國內的交通量已經減少，依然想要興建道路、橋墩、水壩。

### ◆真的需要大量移民嗎

新的問題接踵而來。有一派的說法認為，來自各國的「移民」能夠拯救日本面臨的生產勞動人口（青壯年人口）減少以及人口減少的問題。但是，移民若來自文化與宗教截然不同的國家，隨之而來的還有危險性，更何況日本並沒有接收過大量移民的經驗。

就連移民比例最高的美國，也相當苦惱移民問題。政府究竟要不要讓這些移民取得永久居住權？除此之外，未取得移民簽證的非法入境者也在快速增加。移民問題實在令各國政府頭疼。

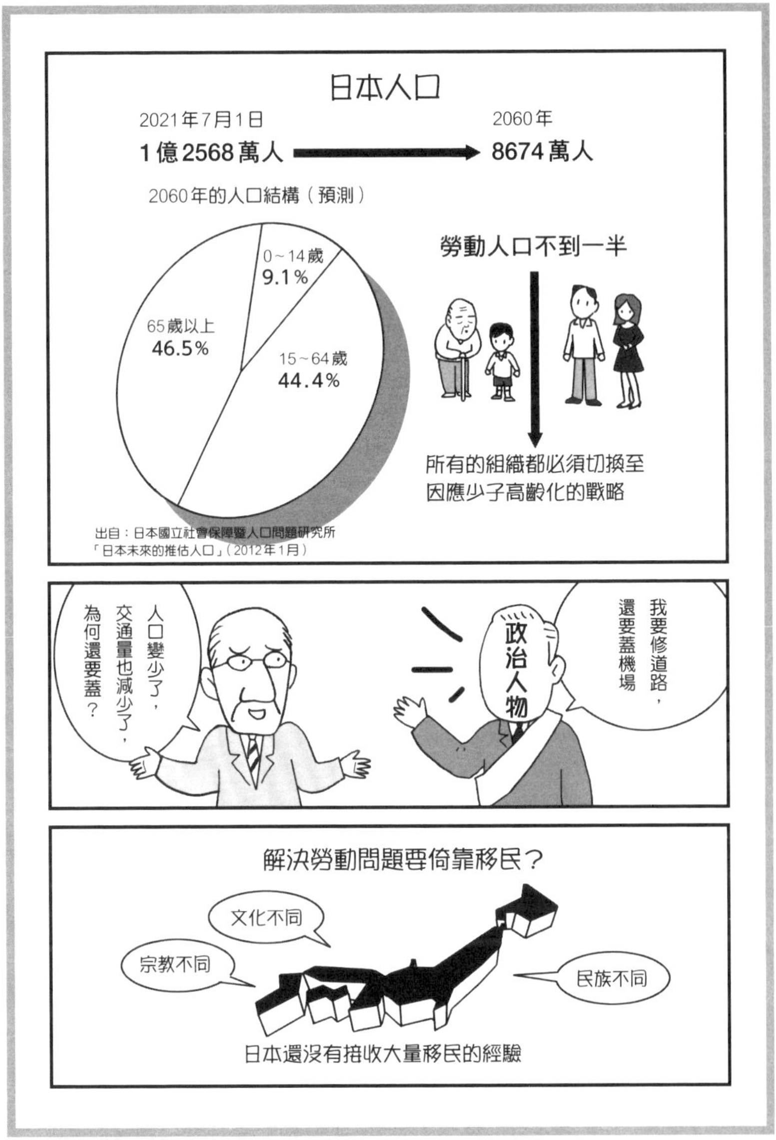


年輕族群減少以及人口高齡化，是目前的現實狀況。

# 將目光集中在支出分配

## 「支出」比「收入」更重要

### ◆少子化使芭比娃娃更加華麗

如同先前說過的一樣，知識型工作者可以一直工作到七老八十。現在，許多農業工作也都交由電腦代勞，進入了以農業機械與工業機器人進行耕作與加工的時代，因此就連農業工作者也能工作到七十五歲左右。

在已開發國家，所有的勞動者都是知識型工作者。少子高齡化也改變了消費者，隨著社會的高齡化，可長久使用的商品或高齡者所需的服務，需求都愈來愈高。除此之外，少子化也讓孩子接受的教育更加充實。「大概只有日本能夠理解國小教師的重要性。」（杜拉克）

現在，養一個孩子的費用變得相當驚人。中國由於「一胎化政策」的緣故，家長花費在一個孩子身上的錢比其他生了三、四個孩子的家庭還要多。這樣的情況同樣出現在美國。

受到少子化的影響，芭比娃娃變得愈來愈華麗。

### ◆要去了解支出分配的變化

企業要制訂經營策略，就不能忽略人口的變化。不過，企業應該如何去因應前所未有的人口改變，實在令人難以琢磨。

而人口增加的要素也並非完全不存在，例如：前面提過的移民、嬰兒潮的再現等等。

但是，問題其實在於「支出」，而不是收入。迄今為止，企業都是以提高收入為經營目標。今後的時代，則必須將目光擺在「支出分配」。所謂的支出分配，指的是「**在相同目的的支出當中，消費者使用自家公司的產品或服務的比例**」。

眾所周知，如今的報社已經愈來愈難賣出報紙。愈年輕的族群，就愈容易把錢花在手機或電腦。換句話說，消費者的支出分配已經不同以往了。

「二十世紀的繁榮昌盛不是經濟的成長，而支出分配的改變。」（杜拉克）

「支出分配」正在快速地改變，要把目光集中在這些轉變上。

62

# 別以成長為目標

## 要為改變做準備

### ◆不要把成長當成目標

「長期成長是不可能的事。」

「激烈的成長會導致組織變弱。」（杜拉克）

過快的成長會讓「管理」變成一件不可能的事。過快的成長會導致組織過度擴張、弱點浮出檯面、產生缺陷，就連一點挫折也會成為組織的致命傷。

蘋果公司、英特爾公司、開拓重工、通用汽車、福特汽車等企業，都有過破產或瀕臨破產的經驗。今日的成長企業可能就是明日的問題兒童，這種案例也不在少數。杜拉克一再地強調一件事。

「**擴大企業並沒有意義。成為一間更好的企業才是正確的目標。**」（杜拉克）

### ◆這樣的成長真的是企業所期待的嗎？

企業對於成長要有所覺悟。有時成長並不在我們的預期之內。我們必須事先知道企業何時應該成長。在能力尚未足夠的時候，就應該注意「成長的浪潮」何時會到來。我們必須明智地判斷企業是否應該趁勢搭上媒體所塑造的風潮或成長的時機。

企業也應該反省管理高層本身是不是已經做好了準備。當成長的時期來臨，就要打造一個高階管理團隊。基於這一點，企業應該要有明白清晰的基礎活動，才能正確地判斷是否衷心期盼這次的成長。

### ◆為變化做的準備能讓人產生信心

成長不會自動地產生。成功可以憑藉努力來創造，而成長是斷斷續續的。

某間公司曾擁有打孔卡與出勤卡的專利，這兩項卡片的專利曾讓這間公司成長為大型企業。不久之後便進入了電腦時代，夢想即將實現，這間企業卻在此時突然中止事業。這是因為他們對於自己的經營戰略沒有自信，也就是公司並不存在所謂的成長戰略。

「**我們必須針對目標擬定經營戰略。為變化做好準備是必要的。**」（杜拉克）

企業應該反省高層本身是否做好了準備。

63

# 思考成長產業、成熟產業與衰退產業

## 醫療與教育可望再成長

### ◆成長產業、成熟產業、衰退產業

產業構造分為三種，分別是成長產業、成熟產業與衰退產業，每一種產業的管理方式都不一樣。

「成長產業」即使進入了人口減少時代，依然可望繼續發展。而且，就算要面臨創新的風險，還是必須走在產業的最前端。

「成熟產業」必須針對幾個重點擬定戰略。企業必須保持產業的領導地位，且為了具備靈活性與因應改變，也需要與其他企業合作、建立合作夥伴關係，或與其他企業合併。

「衰退產業」致力於降低成本與提升品質。衰退產業的產品與服務已經難以做出區隔。

因此，企業要懂得「支出分配」，必須針對產品與服務進行量化分析。

### ◆醫療與教育還在繼續成長

二十世紀的時候，①政府、②醫療、③教育與④休閒都是成長產業。

在這四個領域當中，所占份額最大的就是政府。政府所占的份額，從前約為國民所得的三到五成。

由於①政府的支出增加過多，期望政府促進公營事業民營化。另外，政府在環保方面的支出也日益增加。

而④休閒休閒產業已成為衰退產業，新建的渡假飯店與休閒設施都愈來愈少。「醫療與教育」產業則受少子高齡化的影響，今後應該還會繼續增加。

### ◆再次成為成長產業？

所的衰退產業，指的是「產業的需求成長低於人口成長」。一般汽車產業是近三十年來的衰退產業，連第一級產業也都在逐漸地衰退。此外，鐵道事業與道路建設，也都面臨一樣的情況。不過，當基礎設施進行翻新或開發中國家的需求增加，這些衰退產業還是有機會重返成長產業的行列。但是即使如此，衰退產業基本上都還是會一直衰退下去。

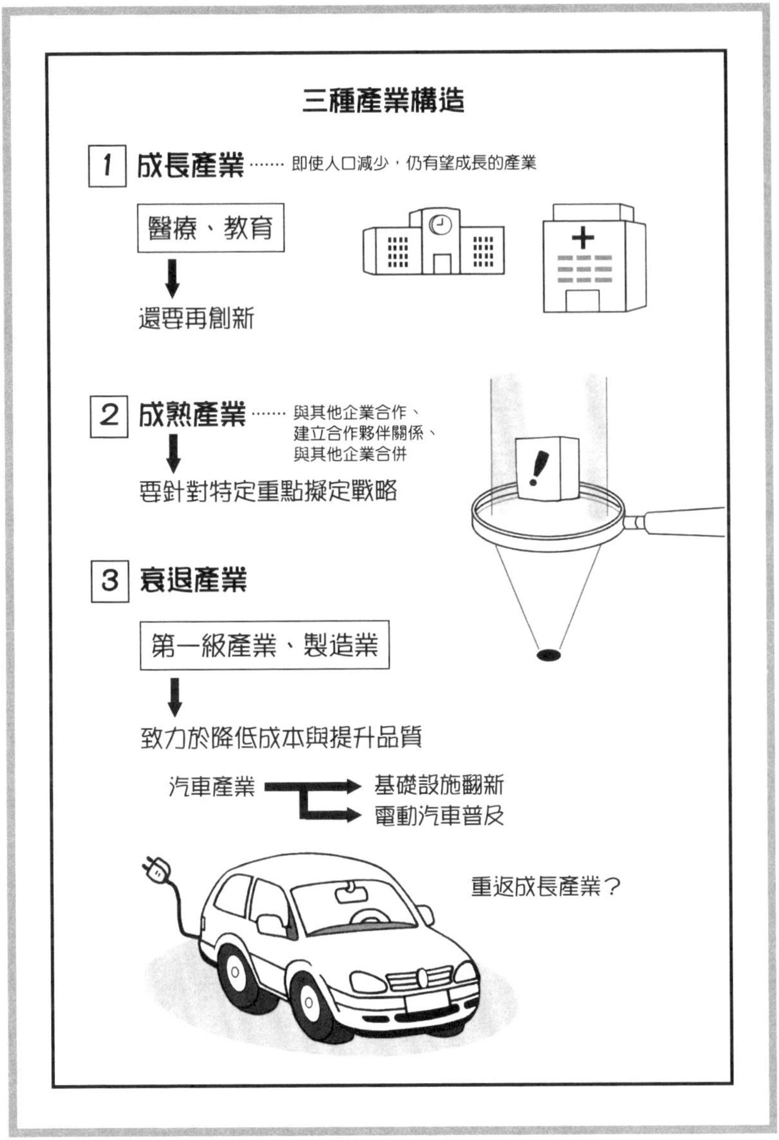
三種產業構造
1 成長產業……即使人口減少，仍有望成長的產業
醫療、教育
還要再創新
2 成熟產業……與其他企業合作、建立合作夥伴關係、與其他企業合併
要針對特定重點擬定戰略
3 衰退產業
第一級產業、製造業
致力於降低成本與提升品質
汽車產業
基礎設施翻新
電動汽車普及
重返成長產業？

成長產業、成熟產業與衰退產業都有各自的管理方式。

# 動搖全世界的「養老金」問題

## 日本拖延戰術的極限

◆動搖美國的「養老金」的問題

在二十世紀後半葉，這三十年間的成長產業不是資訊產業，而是金融服務業。這樣的情況與人口高齡化有關，因為高齡者都想確保擁有退休之後的養老資金。

摩根大通集團、高盛集團等企業的成長，是靠著將目標鎖定在為高齡者規劃養老資金，而不是企業間的交易。

另一方面，銀行則無法理解這樣的趨勢，還是專心致力於企業的金融服務。

而這樣的錯誤解讀最後引發了金融危機。不過，在金融危機過後，為高齡者規劃養老資金的行動依然持續進行，也就是追求個人金融服務。事實上，高盛集團也是在雷曼兄弟事件以後理解到這樣的趨勢，進而擴展業績。

◆「日本的問題」日益嚴重

杜拉克將日本的貨幣政策取名為「拖延戰術」。在泡沫經濟過後，日本政府的財經官員認為「拖延是正確的做法」。日本政府也因為政治人物、輿論以及來自美國華府的壓力，將大量的資金投入了貨幣政策，然而並未有所成效。

長期實施且鉅額的寬鬆貨幣政策「對於金融機關造成的傷害程度」似乎相當嚴重，銀行的分行數量與行員人數都要比銀行的收益來得多。不過，最近有愈來愈多的銀行也像網路銀行或網路證券公司一樣，分行數量少，行員人數也不多。

日本一直都是個重視「社會」環境的國家，國家與政府都盡力不引起社會不安或暴動，因此才會習慣「延後做決定」。

日本現在面臨的危機狀況，甚至有可能破壞日本的「社會安定」。

日本慣用的「拖延戰術」已經瀕臨「銀行應付能力」的極限了。

一再拖延的最後，日本將會面臨什麼局面呢？

# 國家雖礙手礙腳，卻不會消失

## 資金、產品、人力的全球化

### ◆帝制國家往往走向分裂

在經濟活動當中，國家是個礙手礙腳的存在。但是，國家和國境還是沒有消失。現在，「金錢和情報」已越過國與國之間的界限，即使是一方小國，也在尋求經濟上的獨立。

如今，全球化的大勢已定，雖說任何組織都不應該把視野侷限於國內，但還是不能將國家置之度外。

### ◆資金、物資、人力都愈來愈自由

經濟活動當中有三個世界，第一個是資金與資訊真正全球化的世界，第二個是物品自由移動的世界（消除服務或人力移動的障礙），而第三個則是國家與地方各自獨立的世界。

這三個世界互相交疊，必須要同時存在，而這一點是經營戰略的前提。許多企業都跨越國境，到其他國家發展事業，但對於地主國而言，關心在意的只會是自己國家的事務而已。

因此，對於母國與地主國，企業絕對有一件事不能做，那就是輸給「各種誘餌」的誘惑。這些誘惑也就是免稅、為保護產業的高額關稅、壟斷市場的承諾、貿易保護政策。一旦企業敗給了這些誘惑，便會失去產業競爭力，導致企業弱化，最後只會面臨悲慘的下場。

### ◆企業的經營戰略要因地制宜

不要把公司的經營戰略原封不動搬到其他地方直接實施。每個國家、地區都有各自的風俗民情，即使強迫對方「多買一點我們家的產品」，也是徒勞無功。

可口可樂公司靠著果汁打入法國的市場、憑藉咖啡進軍日本，近來也成功打入日本的酒類市場。可口可樂公司的策略並不是強迫日本消費者「多喝一點可樂」，經營戰略要根據對象量身打造，然後付諸實際行動。

「**要關注其他國家或其他的產業領域，想想有沒有改變自己的國家、產業、市場的要素。**」（杜拉克）

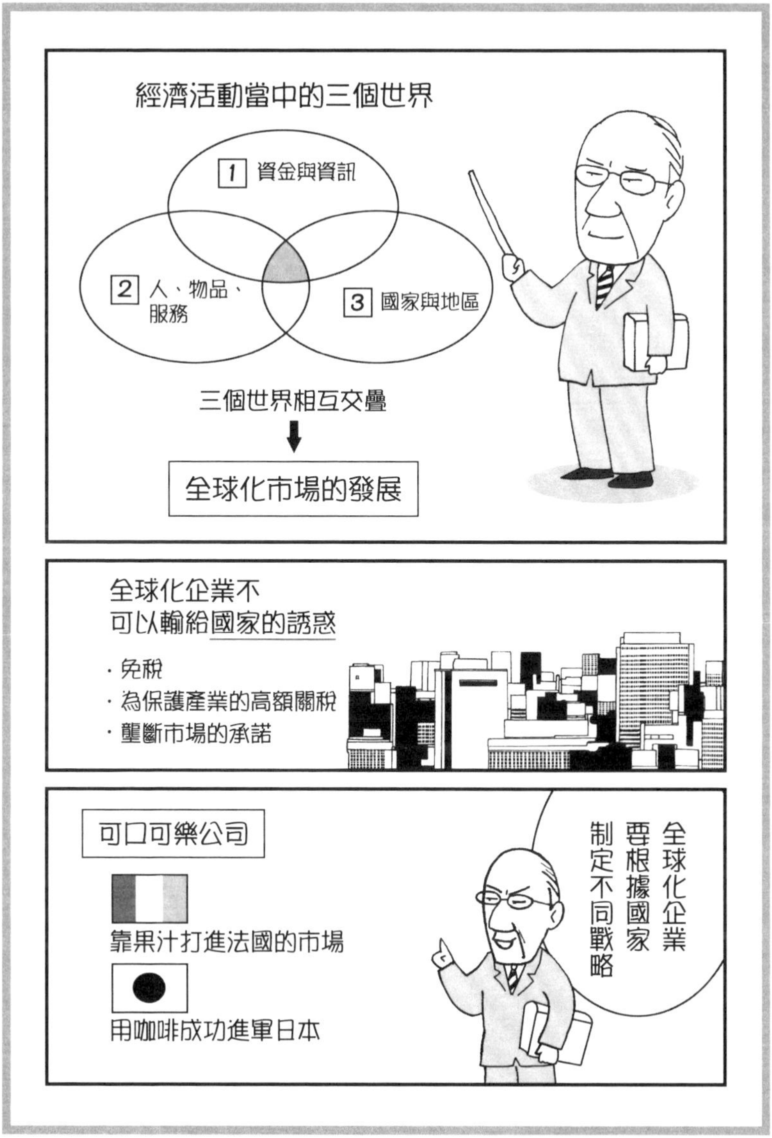


要關注其他國家或其他的產業領域，想想有沒有改變自己的國家、產業、市場的要素。

66

# 企業落入高齡族群的手中？

## 重新面對組織機能不全的問題

### ◆股票流向大眾的手中

我們必須時時銘記兩件事，那就是「企業治理（Corporate Governance）的轉變」以及「企業是為了誰而存在」。

從前，財產權從貴族轉移至資本家，後來又從資本家的手中轉移到股東身上。現在，在美國「有四成符合年金給付資格的人，持有股市六成的股票」。

在其他已開發國家裡，不論是英國、德國還是法國，高齡族群都為了創造與維持資本而購買股票。現在這些高齡族群的人可以說才是企業的實質擁有者。

### ◆反省「短期利益」

如今，大多數的看法都認為「企業建立在客戶、員工與股東利益的平衡之上」，但在從前的德國或是日本，「企業是為了體力勞動者的利益而存在」才是多數人的看法。近年來，「企業是股東的所有物」的想法成為主流，股東要獲得利益作為他們投資的回報。以股東為優先的企業愈加重視「短期利益」，因而難以建立企業的長期戰略。現在正是檢討與反省的時機。

### ◆董事會的功能不完整

企業的董事會在式微，原因在於企業的擁有者變成了大眾，結果董事會喪失其功能。到最後，從知名人士、律師、有關部門官員、往來銀行，甚至連其他企業的員工，都能來兼任董事。

在這樣的狀況之下，董事會便無法成為「治理機關」。董事會原本就是一個世紀以前誕生的體制，現在看來似乎有必要重新檢討。

「拿不出成果的話，就換人做」在企業治理當中是相當重要的一部分。一個沒有作用的董事會，存在的意義也愈來愈薄弱。

「**上司與部下都發揮自己的強項，為全體的成果做出貢獻，才是最強的經營。**」（杜拉克）

第8章
今後的時代將會如何？

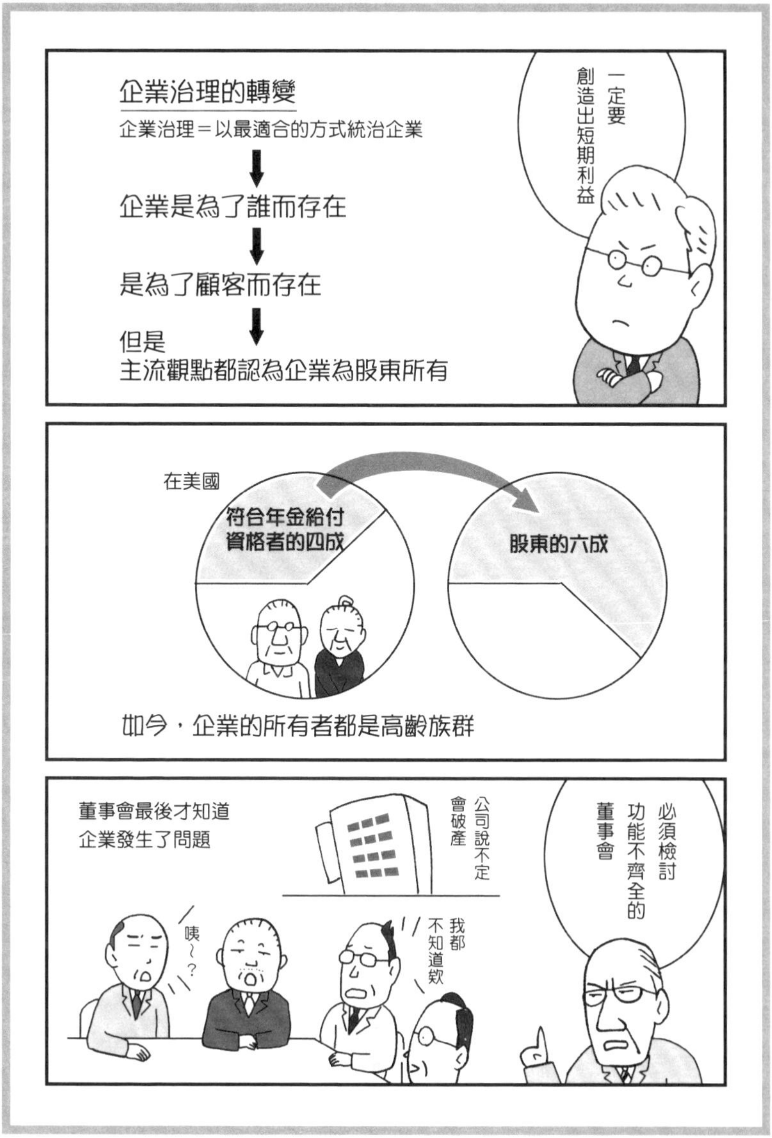


【上司與部下都發揮自己的強項，為全體的成果做出貢獻，才是最強的經營。】

*Column 8*

# 影響杜拉克的人物〈8〉

## 佛洛伊德

年少時期的杜拉克，曾在父親舉辦的週五夜晚派對上與佛洛伊德握手。先前也有稍微提過這個派對，連熊彼特、馬薩里克（捷克的建國之父）、托瑪斯．曼也都曾經出席。

七、八歲左右的杜拉克還不曉得佛洛伊德是何許人也。他問父親：「他是比皇帝更有名的人嗎？」父親則回答他：「是啊，是一位很有名的人喔。」

杜拉克的雙親與佛洛伊德有長久的交情。

他的母親珍藏著佛洛伊德的著作《夢的解析》的初版，並且還定期在星期三舉行名為「醫學暨精神分析之夜」的家庭派對。

十四歲的時候，杜拉克終於可以參加星期五與星期三舉行的派對，只是還不能夠參與大人們的對話。

佛洛伊德是奧地利的精神分析學家，出生在猶太裔家庭，他先成為精神病理學者，後來又成為精神科醫生。

佛洛伊德提出了自由聯想法、關於無意識的研究，以及心理動力學。

提出這些理論的佛洛伊德，有著非常細緻入微的觀察力。

而他與眾多門生所留下的研究，後來也在文學與藝術領域有所發展。

佛洛伊德的深度洞察力，想必就是奠定在與眾人進行交流的基礎之上。

心理學家、精神科醫生

西格蒙德．佛洛伊德
（1856~1939）

# 第 9 章

# 公共服務與社會貢獻的管理

# 公共服務是成長產業

## 公共組織不是為了公務員與官僚而存在的

### ◆服務部門是成長產業

即使是非營利企業的組織，「管理」也能發揮作用。這些非營利組織包括：政府機關、軍方、學校、醫院、研究室、工會、會計事務所等諸多組織。

企業當中也有非營利的服務部門，有些企業甚至也有經營研究室與醫院。與其說現代的社會是企業社會，倒不如說是多元社會。

這些服務部門會隨著管理而成為成長產業，例如：「客服部」之類的「處理顧客投訴的部門」、「開發新產品的團隊」、「與壓力、憂鬱相關的企業諮商」等等。基本上，這些部門都是靠著企業的「成本」（收益的一部分）在維持營運。

在現代社會裡，這些服務部門既不是奢侈浪費的存在，也不是沒有貢獻的擺飾，反而是社會的支柱。

**社會若要正常運作，就必須由這些服務部門創造成果**。

服務部門的成果對於提高組織的品質也很重要。

### ◆中央政府與地方政府都要進行管理

與企業的服務部門相比，公共機關做的是更專業的服務。

正因如此，公共機關當然也應該進行管理。公共機關要「創造貢獻與成果」是完全有可能的事情，而企業的服務部門也一樣，都是可以進行管理的。

杜拉克認為：「儘管公共機關屬於成長產業，卻很難說出公共機關的成果如何。公共機關的預算過高，學校與醫院的組織也愈來愈龐大。各個方面的公共機關都正面臨危機。」

他更批評：「郵政機構、鐵路公司、大學都領了高額補助金，卻還是背負巨額虧損。中央政府與地方政府的組織都有必要改革。不管在哪個國家，官僚主義都一樣盛行。」

杜拉克也認為：「**公共機關進行管理並不是為了官員，應該是為了有所貢獻與創造成果**。」

公共機關進行管理並不是為了官員，應該是為了有所貢獻與創造成果。

# 做不出成果的預算型組織之弊害

## 早已沒有明天

### ◆「成果只是不夠明確」都是狡辯

不管是「客服部門」還是「企業內部諮商」，都是「企業內部的服務部門」的營運比較順利，而公共機關的服務部門都不是很理想。

杜拉克嚴厲地抨擊：「公共機關也需要管理。」

對於「因為公共機關的人才少、成果跟目的不夠明確，所以才沒辦法評估」等言論，杜拉克只說一句：「那些通通都是在狡辯。」

「**公共機關欠缺的不是成本意識，而是欠缺創造成果的企圖心。**」

其實公共機關只要把應該做的事情做好就行了。目的跟成果不夠明確的話，那就讓它們更明確；假設能透過差距分析與回饋分析法進行分析，那也不是問題。

### ◆別把「獲得預算」當成目標

企業與公家機關最大的不同在於營運資金的來源。

企業是藉由滿足客戶，以客戶付出的相應代價來經營。

而服務部門與公共機關，則是靠政府編列的「預算」在運作。

企業內的諮商或教育機構皆以勞動者為對象，還是靠著預算在運作，公共機關也是如此。非公立醫院還可以透過病患數量，大概知道醫院的營運成果如何，而各地方的衛生所的營運成果就無從得知。畢竟衛生所的營運，都是靠著「預算」來決定。

預算型組織的「目的並不在於創造成果」，而是「以獲得預算為目標」。

預算型組織若的預算或是人員若是遭到刪減，組織就會面臨存亡危機。

對於這種沒有成果的組織，才更應該進行分類，列出優先順位，思考哪些項目要廢除，哪些項目要保留。

杜拉克提出警告，表示：「別認為現在做的事情能夠永遠持續。組織要有『過不久就要被廢除』的意識。」

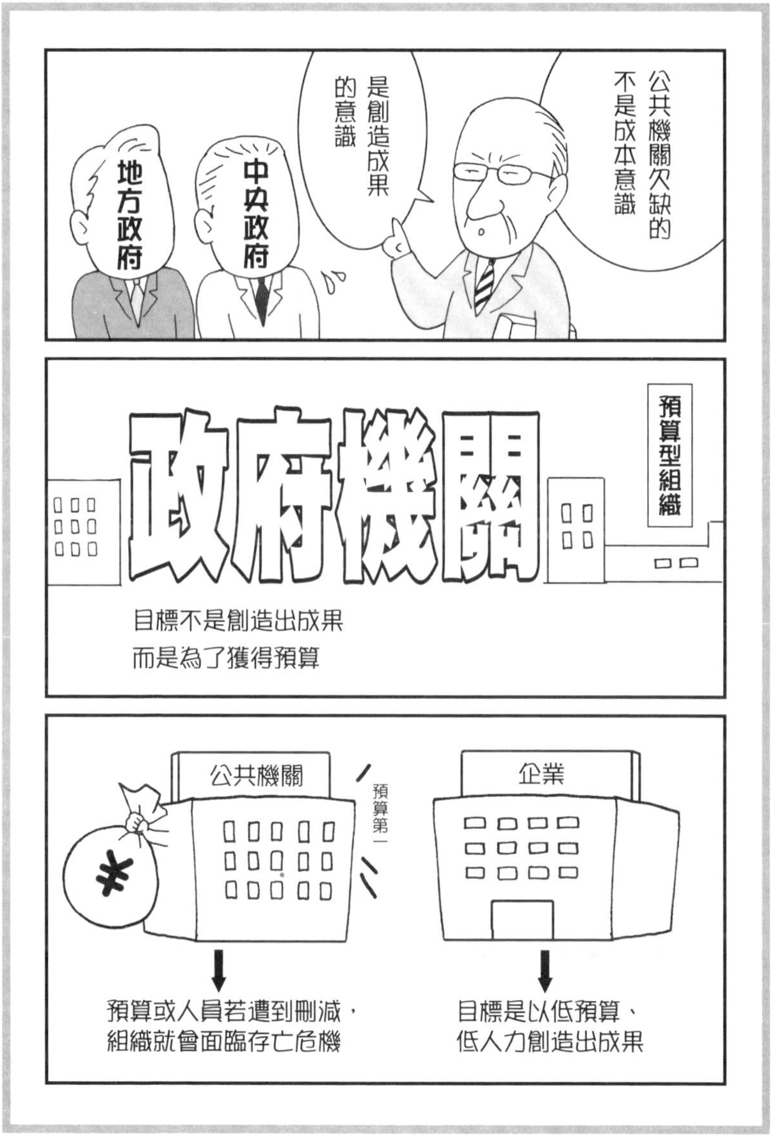


企業與公家機關最大的不同，在於運營資金的來源。

69

# 成果是由「機制」所創造的

## 組織並不需要天才

### ◆組織不需要超級巨星

公共機關或公共服務部門拿不出成果的時候，總是有人感嘆「沒有人才」。但是，**創造成果的並不是人，而是「架構」**。

感嘆組織沒有人才的人都錯了。我們一再地重申組織並不需要天才或超級巨星，不管是哪個組織，都是由「平凡人」透過「組織架構」創造成果。

即使是外部委員會或是企業人士，也可以為政府官員進行管理。

一般人或企業人士「不可以監督政府官員」，是一種錯誤的觀念。

### ◆公共機關的架構

公共服務分為三種類型。

第一種類型是自然形成的公共服務。電力、自來水等事業都是自然形成的壟斷狀態。即使這類型的公共服務從國有事業走向民營事業，依然是壟斷市場的存在。

不過，郵政或電話等公共服務已經不再處於壟斷狀態，就連電力與自來水事業也都有類似的狀況，現在的企業也都能夠供應電力與自來水。

而市場壟斷受到打破的原因，就在於這些公共服務的服務不佳、費用昂貴、無視顧客需求等等。想必日後這一類的公共服務的限制也會愈來愈寬鬆。

第二種類型是由預算決定營運方式的公共服務。企業內部的服務部門幾乎都屬於這種類型，學校與醫院也是如此。

若是拿不出水準以上的成果，就會輸給競爭對手。

第三種類型是營運手段與目的一樣都有其意義的公共服務組織。大多數的政府機關都屬於此類，例如：軍隊相關組織、司法組織等等。

這種類型的公共服務所面臨的實際問題，就在於組織不可能由外部人士來進行管理。

其實這樣的公共服務才應該由外部的人才來監督組織的支出、不法行為、不當行為、低效率狀態等等。

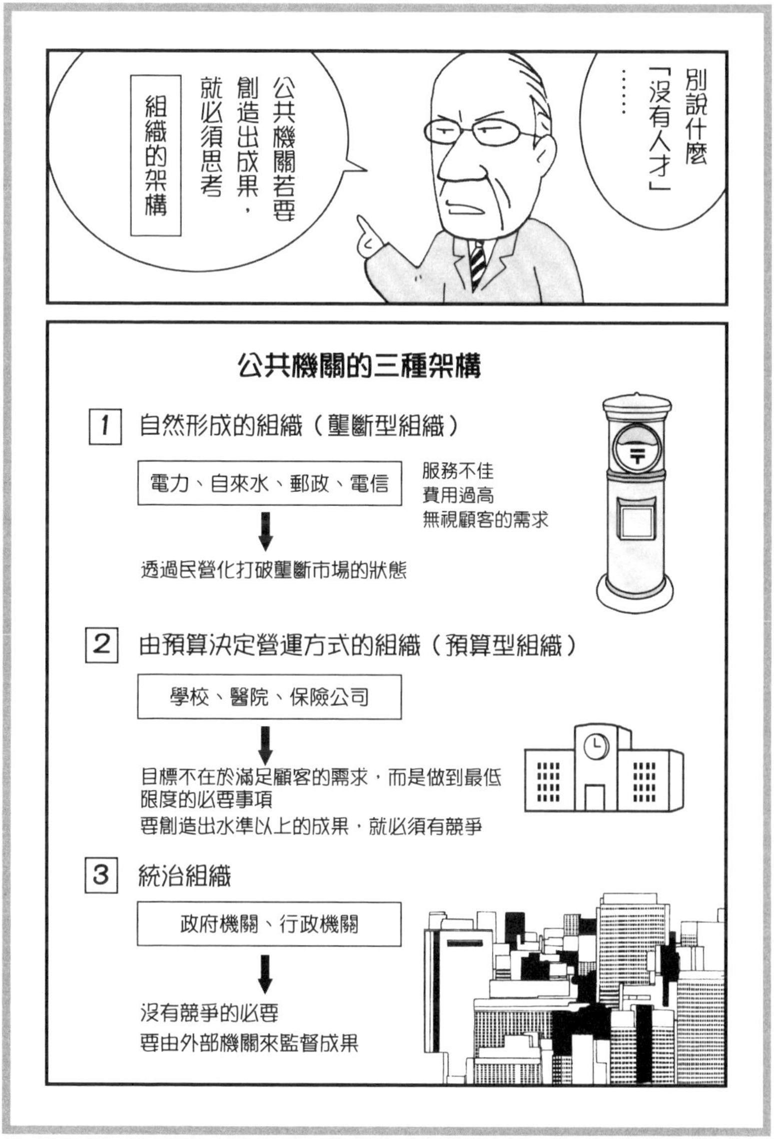


【創造成果的不是人，而是「組織架構」。組織並不需要萬眾注目的超級巨星。】

# 不必期待政府解決僱用問題

## 人們的生活由企業來守護

### ◆人民對於企業的僱用期待

比起其他國家，日本、德國、瑞典等國家的人民都頗信賴政府，但對於政府並不抱持太大的期望，反倒是對企業有相當深的期待。

受到企業正式僱用的人可以保障生活，也讓自己的生活變得更加豐裕。從前，家家戶戶都沒有冷氣，公寓也沒有電梯可搭，讓人們更加期待企業的發展。

### ◆僱用的問題並不容易解決

企業要承擔僱用人員的責任。但是在歐美國家，僱用或勞工的問題還容易牽涉到種族歧視，處理起來特別棘手。

現今的僱用環境已有大幅度的改善。

平等的僱用使人得以獲得富足的生活，而要維持穩定的僱用，管理就有其存在的必要。但杜拉克也表示「不要過度依賴管理」。

我們舉個例子：非洲有個極為貧窮的地區曾經是葡萄牙的殖民地。某個瑞典企業在這個國家推行了大規模的發電工程計畫，並透過僱用提高了這個地區的生活水準。只是就另一方面而言，這樣的開發也助長了殖民主義，結果瑞典反倒遭到抨擊。

美國某間鋼鐵企業僱用黑人員工，這些員工都很賣力工作，這間公司也讓有能力的黑人擔任領導者，指揮底下的白人員工做事。結果最後引起白人員工的強烈不滿，演變成罷工，最後這間公司也倒閉了。

### ◆政治會突然奪走僱用機會

戰前，美國曾發生排擠日本人的情況，許多被奪走田地、無法營生的日本人，後來都移居南美洲。

僱用問題沒辦法靠普通辦法來解決，全世界的失業率也長久居高不下。

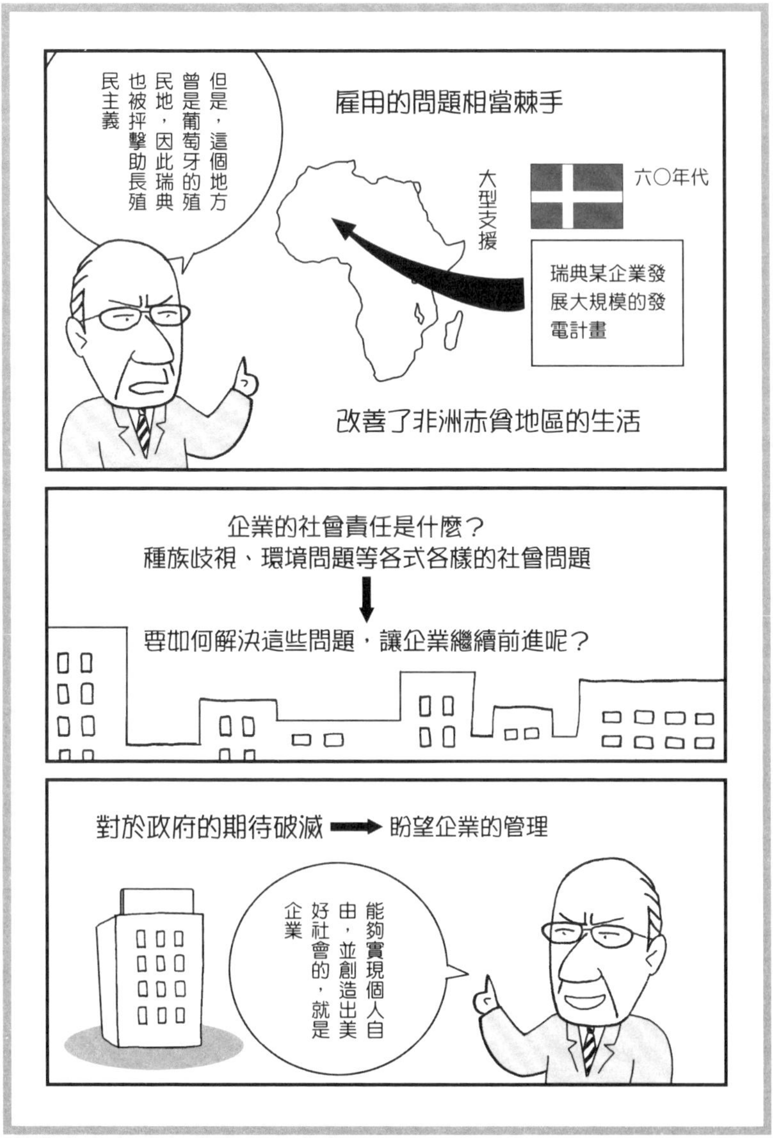


背負人民期待的不是政府，而是企業。

# 對於產品與公司的兩個責任

## 解決問題需要耗費成本

### ◆企業要對產品負責

「企業的責任」有兩個，分別是「對於產品的責任」與「對於社會的責任」。

所謂的「**對於產品的責任**」若以汽車製造來說，那就是對於車體安全性的責任。從前，福特汽車因為銷售太差，曾經決定停止生產有安全帶的汽車，被大肆抨擊是「死亡商人」。之後，關於保護消費者安全的法律也一個接著一個通過。但這些法律與其說是在保護市民，更像是為了處罰企業才通過的。

### ◆企業的社會責任

所謂的「**社會責任**」若以產生熱氣、排放廢煙、產生噪音的鋼鐵業為例，就是環保方面的策略。鋼鐵業是製造高品質的鋼鐵，但有害環境與人體健康的副產物，則是鋼鐵業屢屢發生的問題。

醫院的目的是為了治療患者，但醫院在營運方面則一再地發生僱用問題，不論是醫生、護理師，還是廚師，都是醫院必要的人力。倘若無視社會責任，就無法打造出更好的企業、更好的醫院、更優質的大學。

醫院的使命就是醫治病患。為了達到這個目的，就需要醫生與護理師為社會做出偉大的貢獻。只是，在達成醫療使命的同時，也造成了醫療廢棄物與水質污染等問題。一旦這些問題沒有解決，便無法善盡社會責任。

### ◆要如何取捨成本績效的平衡

企業若要遵守環境方面的政策或規範，勢必會碰上成本問題。鋼鐵業者若想要達到二氧化碳的實質零排放，就得付出龐大的成本。

從前，「要創造多少收益」是企業面臨的問題。現在，企業要面對的是營業利益率與成本績效。績效與成本之間的平衡，是經營者所要面對的決策問題。

社會責任就應該公開地討論。不論是企業、大學還是醫院等組織，都應該公開與社會責任相關的資訊，讓更多的人在更早的階段參與決策。

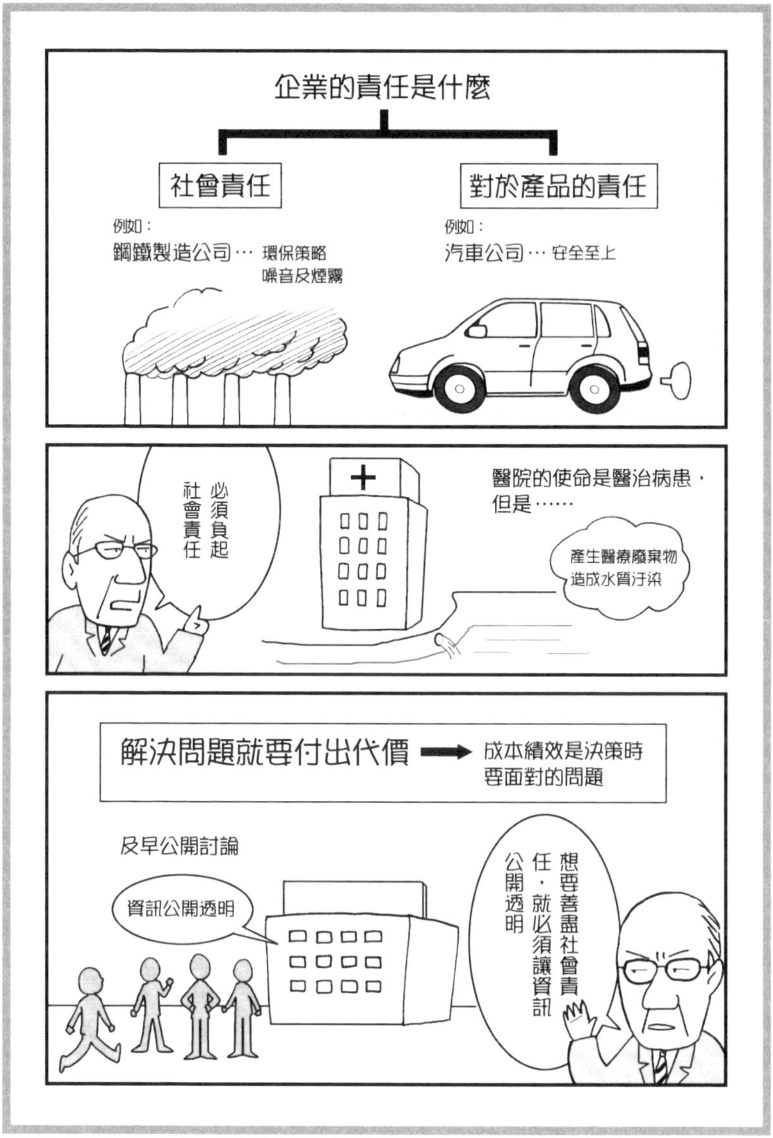


「企業的責任」有兩個，分別是「對於產品的責任」與「對於社會的責任」。

72

# 組織的管理亦有極限

## 譁眾取寵會自取滅亡

### ◆必須曉得極限在哪裡

一旦企業追求善盡最大極限的社會責任，就會壓迫到利益。

某間食品加工公司在某個高失業率的地區，為了保障僱用機會，選擇擴大徵人。結果，這間公司不堪負荷龐大的費用，以致最後破產。就這樣的結局而言，這間公司稱不上是優良的雇主，對於該地區的社會與勞動者而言，也不算是一個好的組織。

「管理」是讓組織發揮其作用，但管理也一樣有「極限」。不管是組織的利益還是功能，都有它們的極限。

領導者在進行決策的時候，必須曉得這條界線在哪裡，並且**必須針對「決策的極限」做出「合理的說明」，堅守這個範圍**。

人一旦得意忘形，就容易去追求世人的掌聲，想要受人追捧。**「管理」並不是為了獲得掌聲或人氣等報酬，是為了創造出成果並善盡責任**。不懂得管理極限在哪的人，可謂是愚昧之人。

### ◆別去做不符合組織價值的事

組織的價值體系也有極限。受雇者嫻熟的技術與知識可以改變，而組織的價值觀是不容改變的。

醫院最主要的使命是治療患者，所以醫院自然不得跨越這條界線，參與政治事務、體育或藝術等領域的社會事業、與權力相關的事。

超過這條界線的工作就不要去碰，才是正確的「管理」。

### ◆責任也有極限

責任同樣也有極限。杜邦公司是一間供應基礎材料的企業，即使遇到了通貨膨脹，依舊調降商品售價，善盡企業的社會責任。後來，有人將杜邦公司告上法院，指稱杜邦公司對於黑人及學校沒有盡到社會責任。而杜邦公司則以「責任也是有極限」的說法反擊，並獲得社會大眾的理解。

領導者必須針對「決策的極限」做出「合理的說明」，並且堅守這條界線。

# 切勿明知故犯

## 專業倫理

### ◆「明知故犯」的人是故意的

在從前尚未發展成熟的社會裡，重大社會貢獻的公司若出現「過失」都會受到包容。更正確來說，即使是「故意」的行為，社會還是會容忍。但在已發展成熟的今日社會，「大眾不會容許企業或企業家對社會造成任何傷害」。

杜拉克告誡世人「**切勿明知故犯，對他人造成傷害**」，而這句話最早出自於古希臘名醫希波克拉底的誓詞。

也就是說，希波克拉底是透過這句話來表現「專業倫理」。

企業必須時常意識到對於社會的責任與貢獻。

### ◆要有獨立性

醫生即使為病人進行治療，也不曉得病人是否能恢復健康。不論是律師或管理者，都沒辦法保證能否得到令顧客滿意的結果。只會巴結奉承顧客的話，原本要做的事情就會難以進行。

換言之，「**專業人士必須要確保獨立性**」，絕對不可以隨著顧客起舞，改變自己的行動準則。

企業的行動不可受私人利益驅使，必須有正確的常識與判斷，以維持企業的獨立性。

沒有主見，還受政治或意識形態左右的經營，實在愚昧可笑。

### ◆主動公開產品缺陷

美國的法律對於產品召回以及製造有相當嚴格的懲罰，產品若有缺陷，企業將會遭到起訴。

這正是「明知故犯就要受罰」的表現。

不論是無心之過還是有意為之，只要產品的缺陷有所危害，企業都應該想盡辦法主動告訴大眾。

這就是所謂的「專業倫理」。

企業必須時常意識到對於社會的責任與貢獻。

*Column 9*

# 影響杜拉克的人物〈9〉

## 熊彼得

杜拉克的父親阿道夫曾經關照過許多經濟學者。阿道夫在週五晚上都會招待經濟學者來家裡開派對，其中一位受邀的經濟學者，就是熊彼得。

熊彼得提倡的創新思想「創造性的破壞」與「連續性的革新」，都成為了杜拉克思想的基礎。

在德國思想家馬克思去世不久之後，熊彼得即出生於奧地利。熊彼得被譽為繼凱因斯之後最偉大的經濟學家，相較之下卻不是那麼亮眼出色。

一九三〇年代，熊彼得曾表示：「資本主義在成功之後就會走向滅亡，今後的四、五十年間，取而代之的將會是社會主義。」

在資本主義當中，「革新」才是最重要的部分。市場沒有革新就會失去活力，資本主義便會衰退。

什麼是資本主義的衰退？就是資本家的利潤終將趨近於零，勞動者的收入銳減至勉強餬口的程度；糧食量雖呈現直線成長，但因為人口的爆發性成長，最後還是會陷入糧食不足的狀態；勞動者的薪資受到打壓，而窮忙族愈來愈多。所以，資本主義若沒有發展出爆發性的經濟，最後就會走向滅亡。

一九八三年，杜拉克為紀念凱因斯的一百年冥誕，於美國商業雜誌《富比士》投稿一篇名為《熊彼得與凱因斯》的文章。

經濟學家

約瑟夫・熊彼得
（1883~1950）

# 第10章

# 日本的失敗與對卓越的追求

74

# 「政治主導」將會如何

## 各國皆存在退休後轉任的情況

### ◆「官僚主導」是世界的態勢

世界各國的政府部門幾乎都是官僚主導，而政治主導的國家則相當稀少，僅出現在美國、澳洲等英語系國家。為了國家秩序安定，官僚主導是必要的。既然領導階層不存在該來接班的人，那就只能仰賴既存的事物。

日本沒有組織能夠取代官僚主導改行政治主導，而美國則有政治任命的行政官員與國會職員。

而且，日本的政府部門除了高級事務官之外，沒有其他可以領導組織的人員。或許正是因為這個緣故，日本的官僚階層非常難以動搖。至今為止，日本的高官已經爆發過好幾起醜聞，每次事件爆發之後都會受到日本國民的強烈譴責，但是官僚體制依舊堅若磐石。

### ◆退休轉任是各國都有的現象

退休轉任的現象連美國都有，是世界共通的慣例。

「我的父親以前也是奧地利財政部的高官，在他四十多歲的時候，就有大型銀行邀請他去擔任銀行的董事長兼總裁。據說前任與下一任的董事長兼總裁也都是這樣，完全可以說是『退休轉任』的典型。即使到了現在，奧地利主要政府部門的官僚退休之後也都會轉任民間企業。」（杜拉克）

在德國，地位比較不高的官僚退休後會轉任至公會組織。就連在法國或英國，官員退休後也會轉任至銀行或證券商擔任要職。

日本退休後轉任的特徵是「錢多事少」，而歐洲的高級事務官在轉任後還要做許多事。

不過，杜拉克並沒有評論退休轉任的「是或非」。

### ◆拖延戰術已經到達極限

杜拉克曾點出日本的「拖延戰術」的問題。這個戰術在過去獲得很好的效果，四十多年來一再成功地拖延了許多有待解決的問題。

拖延戰術能成功是靠著鉅額的補助金以及財政政策，才能蒙混過關。但這樣的戰術已經到達極限了。

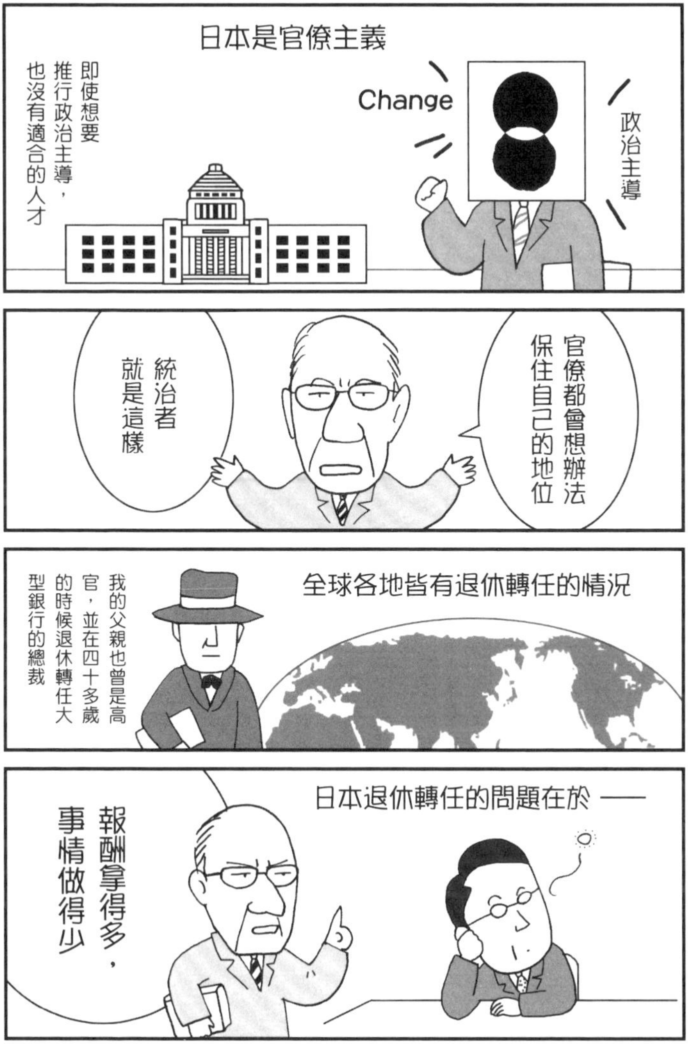


退休轉任的情況遍布全球各地，這就是現實。

# 日本在許多領域都以失敗收場

## 原因在於補助金與保護

### ◆日本的失敗

從前，日本靠著低工資、低匯率（日圓貶值）來保護國內的產業，也多虧這個策略，使日本在國際競爭中脫穎而出。

然而，日本還是爆發了經濟危機。

一些產業都未能成功提升國際競爭力與國際金融實力，這要歸咎於日本政府弄錯該保護的產業。

杜拉克舉出一些失敗的日本案例，如：日本的電腦產業致力於電腦主體的製造，卻在需求擴大的軟體開發以及人才培育方面，輸給於其他國家。

### ◆靠著國家財政填補金融的坑

泡沫經濟的問題曾經籠罩全日本。當時股價暴漲，債務人數不足的銀行就再向投資人融資，結果最後泡沫破裂，土地變得一文不值，銀行背負大量的不良債權，日本經濟也陷入泥淖之中。

後來，日本政府限縮大藏官僚（現今財務省和金融廳之前身）的權限、推動金融體制鬆綁、實行大型財政政策。然而，並未看見太大的成效。

### ◆農業的失敗

「日本的農業政策顯然是失敗的。」（杜拉克）

美國的農業人口數量跟日本差不多，但以前日本從事農業的人口數量卻有美國的三倍之多，可見日本農業的生產力低落得可怕。

而日本的官僚並沒有能力解決農業問題。

因為，他們敵不過大多數沒有生產效率的農業工作者施加的「壓力」。以致日本的糧食自給率是已開發國家中最低的。

儘管日本政府在農業方面挹注了大量的補助金，糧食自給率卻根本沒有上升，反倒造成農業高齡化、小規模農業、農業人力斷層。

依舊要仰賴政府的補助金以及都市居民的負擔才能維持下去，是現今日本農業的真實狀態。

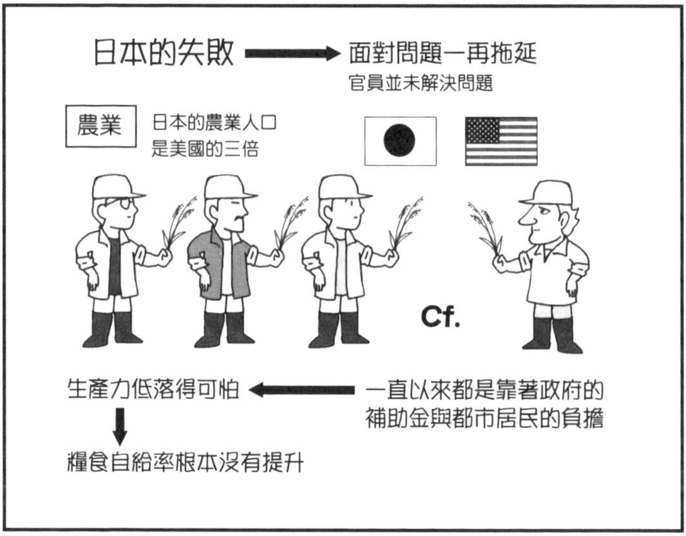


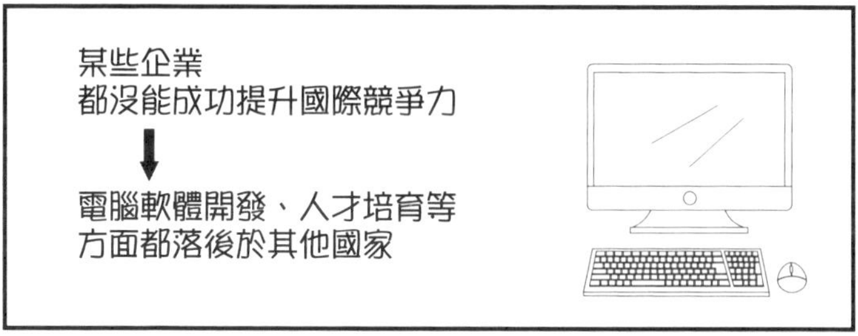


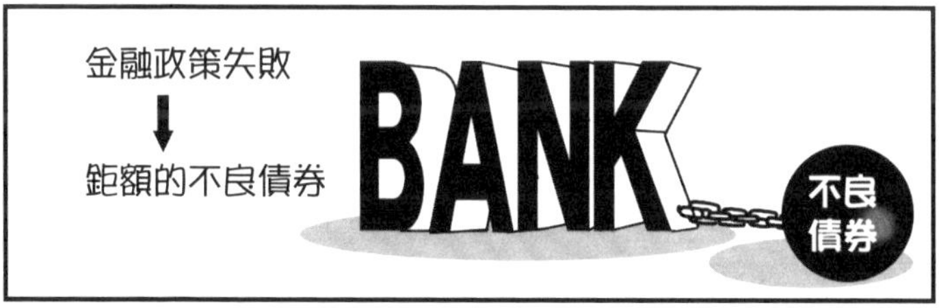


【日本「拖延不解決的問題」仍然存在於各個產業當中，難以根除。】

# 知識工作者的「第二人生」

## 準備與助跑是必要的

### ◆知識型工作者的人生很漫長

「要如何度過退休以後的第二人生」對任何人來說都是個大問題。

「要趁著在職的時候就做好投入第二職涯的準備，退休以後才不會過得渾渾噩噩。」（杜拉克）

而杜拉克提出了三個方法：

**❶換一份工作**

換到其他公司或繼續留在現在的公司是最好的，這是一件值得感恩慶幸的事。有些企業人士在退休以後，也會開始務農人生或寫作人生。

**❷擁有「第二份工作」**

意思是還在工作的時候，就已經投入另一份事業。有些企業人士年輕時就會在「非營利組織」工作。嘗試開創副業也是一個選擇。

**❸成為慈善家**

許多事業成功的人都會從事社會活動。醫生、企業人士、運動選手、教師等等，都會投身文化、藝術、社會福祉等領域，也會提供資金。

### ◆沒有準備與助跑，就不會有成功

杜拉克認為「並不是所有人都會成功」。不可能所有人都能夠成功開創第二人生。

人生本來就不可能一帆風順，有些人也可能在年過半百之後，才面臨家庭分崩離析的危機。這時，擁有另一個生活圈就顯得很重要。

能夠提早退休，又擁有「第二人生」的人很幸福。要繼續做現在的工作，到屆齡退休之前都重複做著相似的事情，這樣的日子雖然平淡，卻很重要。

### ◆內在成長與外在成長

一個人若想要成功，就不能不提升能力或技巧、取得專業證照（內在的成長），以及磨練待人處事的手腕（外在的成長）。

這句話雖然老生常談，還是希望各位好好過生活。

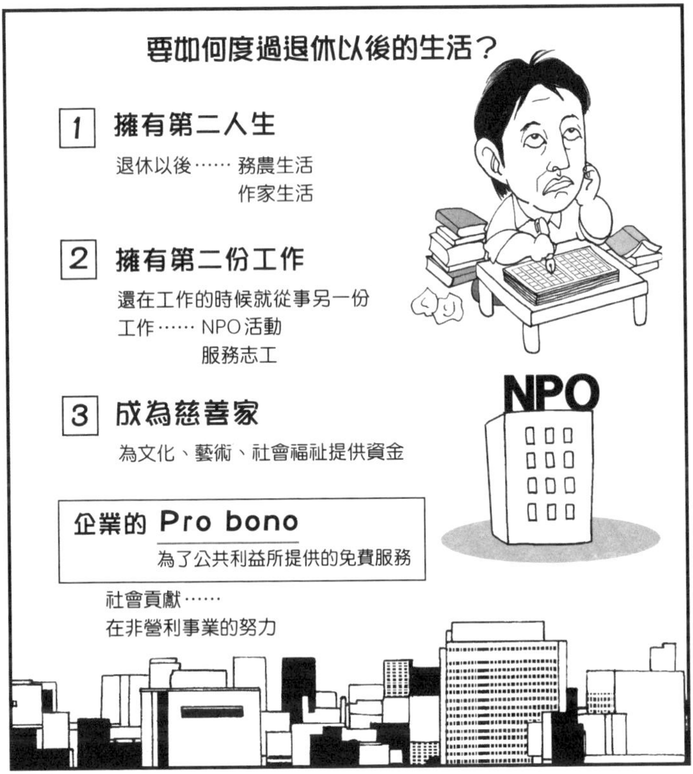

[ 想要成功，提升能力或技巧、取得專業證照（內在的成長）與學習待人處事（外在的成長）都是必須的。 ]

# 你想讓別人記得你的哪些事

## 追求卓越

### ◆「你希望別人記得你的哪些事」

「**人生的目的是追求『強項（卓越）』**。」（杜拉克）

杜拉克在十三歲的那一年，遇到了一位很優秀的宗教學老師。

這位老師曾問學生：「你們希望別人記得你的哪些事？」但沒有任何人回答出這個問題。

而老師笑著說：「現在回答不出來也沒關係，但要是到了五十歲還回答不出來的話，人生就算白活了。」

在時隔六十年後的同學會上，大多數的同學都還健在，也還記得「老師的問題」。持續問自己「你希望別人記得你的哪些事」，讓他們有不一樣的人生。

杜拉克也詢問他的牙醫：「你希望別人記得你的哪些事？」

而那位牙醫則是這麼回答：「我希望當我治療過的病患因故死亡時，為他進行解剖的法醫會說『這個人的牙醫真不錯』。」

擁有這樣的態度不是很棒嗎？

### ◆為了管理

我們一再地重述，所謂的管理是「讓組織發揮成果的事物」。

只要發揮「自己的強項（卓越）」，對於組織多少都會有所助益。我們自身的成長也是透過追求「強項（卓越）」而獲得的。

### ◆總結

就像杜拉克所說的「成熟產業」一樣，國家也有「成熟國家」。國家要具備身為成熟國家的自覺，「妥善地分攤為數不多的財富」。

已經背負欠債還隨意地大肆揮霍，根本就不可能「回收」那些資金。

不管是國家還是國民，都要強壯自身的體格，並鍛鍊出強健的體力。我認為杜拉克的著作《管理大師彼得．杜拉克最重要的經典套書》，就是為了這樣的我們而存在的。

【透過追求並發揮自我的強項（卓越），為組織創造出成果。這就是管理。】

# 結語

就像本書一再地重述，杜拉克指出「管理是讓組織創造出成果的事物」。杜拉克的著作提及各種組織，企業自然不必多說，還有學校、醫院、軍隊、宗教團體、同好會、NPO等等。在他的著作當中，更是切近「一切組織應該如何做才能創造出成果」的問題本質，寫下關於這個問題的深度思考。

杜拉克的著作讀起來其實是非常有趣的，潛藏在文字深處的人性很值得讀者去玩味。例如：「我們不能預測未來」、「我們沒辦法守時」、「計畫是無法實行的」、「領導者不需要領袖魅力」、「不要追求菁英人才」等等，其實有許多引人入勝的內容。

換成是一般的情況，我們都會說「要去預測未來」、「做人要有守時的觀念」、「要去實行你的計劃」等等。但杜拉克不這麼說。相反地，他在書中寫出「差距分析」、「回饋分析法」、「協同組織」、「創新」等等，告訴讀者應該怎麼做的方法論。這也是杜拉克的思想與著作受到廣大的領導階層推崇的原因。

此外，杜拉克也是出了名的親日人士，他經常前往日本，蒐集日本的水墨畫。

而且杜拉克也對日本提出相當多的建言，例如：「日本沒有完成本來應該做的事情」、「日本的拖延政策已經到達極限」等等。

然而，日本經歷全球性大流行的新冠肺炎疫情，再度投入巨額的財政支出，似乎是打算繼續維持過往的作法，無視杜拉克敲響的警鐘。

這樣下去真的好嗎？讀過這本書的你，今後會去思考什麼？又會有哪些不一樣的行動？

我希望各位都可以使用「管理」這項武器，成為一位大放異彩的管理者，支持組織與成員的活躍發展。

◉致謝

首先，非常感謝閱讀這本書的各位讀者。

並且感謝明日香出版社與相關業者、書店的各位。

最後還要謝謝天才工廠的吉田浩先生，以及為這本書繪製漫畫插圖的內人ＹＵＭＩ。那麼，本書就在此畫上句點。

| 年分 | 大事記 |
| --- | --- |
| 1909年 | 出生於奧匈帝國的首都維也納，富裕的阿什肯納茲猶太人家庭。 |
| 1914年 | 爆發第一次世界大戰。 |
| 1917年 | 在雙親的引薦之下，認識了同為猶太人的精神科醫生——佛洛伊德。 |
| 1927年 | 在德國漢堡的一間貿易公司上班，並進入漢堡大學法學部就讀。 |
| 1929年 | 成為《法蘭克福紀事報》的記者。 |
| 1931年 | 在法蘭克福大學擔任助教，並取得「國際法」的法學博士學位。 |
| 1933年 | 由於納粹黨仇視猶太人，深怕受到納粹的迫害而移居至英國倫敦。<br>旁聽凱因斯的課。於英國的投資銀行上班。 |
| 1937年 | 與同為阿什肯納茲猶太人的桃樂絲・施密特結婚。移居美國。 |
| 1939年 | 出版第一本著作《經濟人的末日》。後來得到英國首相邱吉爾的稱讚。<br>在紐約的莎拉勞倫斯學院擔任兼課講師。 |
| 1941年 | 爆發第二次世界大戰。 |
| 1942年 | 成為本寧頓學院的教授。擔任美國政府的特別顧問。出版《工業人的未來》。 |

1943年　受通用汽車（GM）委託，進行公司組織的變革與重建，並大獲成功。

1946年　出版《公司的概念》，成為暢銷作家。

1950年　擔任紐約大學的教授。

1954年　出版世界第一本綜合性的管理書籍《彼得・杜拉克的管理聖經》。

1959年　初次前往日本。之後屢屢來訪日本，開始蒐集日本畫。

1964年　出版《成效管理》。成為世界第一本綜合性的事業戰略書籍。

1966年　獲頒日本的勳三等瑞寶章。出版《杜拉克談高效能的5個習慣》。

1969年　出版《不連續的時代》。

1971年　擔任克萊蒙特大學研究所的教授。創設管理學系。

1974年　出版《管理大師杜拉克最重要的經典套書》，成為管理學的最終版本。

1979年　出版自傳《旁觀者－管理大師杜拉克回憶錄》。

1983年　出版第一本小說《最後的美好世界》。

1993年　發行《後資本主義社會》。

2002年　獲頒「自由勳章」，這是美國政府賦予美國公民的最高榮譽勳章。

2005年　在位於加州克萊蒙特的住家逝世，壽終正寢。享耆壽95歲。

The End of Economic Man（1933）
The Future of Industrial Man（1942）
Concept of the Corporation（1946）
The New Society（1950）
The Practice of Management（1954）
America's Next Twenty Years（1957）
The Landmarks of Tomorrow（1959）
Managing for Results（1964）
The Effective Executive（1967）
The Age of Discontinuity（1969）
Technology, Management and Society（1970）
The New Markets and Other Essays（1971）
Men, Ideas and Politics（1971）
Drucker on Management（1971）
Management（1973）
The Unseen Revolution（1976）
People and Performance（1977）
Adventures of a Bystander（1978）
Managing in Turbulent Times（1980）

Toward the next economics, and other essays (1981)
The Changing World of Executive (1982)
The Last of All Possible Worlds (1982)
The Temptation to Do Good (1984)
Innovation and Entrepreneurship (1985)
The Frontiers of Management (1986)
The New Realities (1989)
Managing the Nonprofit Organization (1990)
Managing for the Future (1992)
The Ecological Vision (1993)
Post-Capitalist Society (1993)
Managing in a Time of Great Change (1995)
Drucker on Asia (1997)
Peter Drucker on the Profession of Management (1998)
Management Challenges for 21 st Century (1999)
Managing Oneself (1999)
The Essential Drucker (2001)
Managing in the Next Society (2002)
A Functioning Society (2002)

The Daily Drucker（２００４）

The Five Most Important Questions（２００８）

## ◉参考文献


『エッセンシャル版　マネジメント』（P・Fドラッカー／ダイヤモンド社）

『プロフェッショナルの条件――いかに成果をあげ成長するか』（P・Fドラッカー／ダイヤモンド社）

『ドラッカー名言集1経営者の条件』（P・Fドラッカー／ダイヤモンド社）

『ドラッカーの実践経営哲学』（望月　譲／PHPビジネス新書）

『知の巨人ドラッカー自伝』（P・Fドラッカー／日経ビジネス人文庫）

『ピーター・ドラッカーの「事業戦略論」がわかる本』（中野　明／秀和システム）

『経営者に贈る5つの質問』（P・Fドラッカー／ダイヤモンド社）

『図解で身につく！　ドラッカーの理論』（久恒啓一／中経文庫）

『21世紀の企業経営』全8巻（ダイヤモンドビデオライブラリー）

●作者簡介

## 津田太愚

畢業於上智大學，專攻德國哲學（康德《純粹理性批判》），在求學時接觸了神祕學、神話學、宗教學、心理學、哲學、民俗學。
理念是以快樂又淺顯易懂的方式解說歷史、民間傳說、占卜、人際關係、人生論、心理。
主要著書有《明智光秀のことがマンガで3時間でわかる本》（明日香出版社）、《アドラー365日の言葉》、《田中角栄　明日を生き抜く365日の言葉》（リンダパブリッシャーズ）、《エゴグラム入門》（イースト·プレス）等。



# 圖解彼得·杜拉克管理學

出　　版／楓書坊文化出版社
地　　址／新北市板橋區信義路163巷3號10樓
郵政劃撥／19907596　楓書坊文化出版社
網　　址／www.maplebook.com.tw
電　　話／02-2957-6096
傳　　真／02-2957-6435
作　　者／津田太愚
翻　　譯／胡毓華
責任編輯／王綺
內文排版／謝政龍
港澳經銷／泛華發行代理有限公司
定　　價／350元
初版日期／2022年11月

國家圖書館出版品預行編目資料

圖解彼得.杜拉克管理學 / 津田太愚作；胡毓華翻譯. -- 初版. -- 新北市 : 楓書坊文化出版社, 2022.11　面；　公分

ISBN 978-986-377-813-4（平裝）

1. 杜拉克(Drucker, Peter Ferdinand, 1909-2005) 2. 學術思想 3.CST: 管理科學

494　　111014402